ハーブ
バイブル

ステファン・ブチャツキ 著

岩田 佳代子 訳

An Hachette UK Company
www.hachette.co.uk

First published in Great Britain in 2015 by
Mitchell Beazley,
a division of Octopus Publishing Group Ltd,
Endeavour House, 189 Shaftesbury Avenue,
London WC2H 8JY
www.octopusbooks.co.uk

This book contains revised and updated material from Best Herbs.

Copyright © Octopus Publishing Group Ltd 2015

All rights reserved. No part of this work may be reproduced or utilized in any form or by any means, electronic or mechanical, including photocopying, recording or by any information storage and retrieval system, without the prior written permission of the publisher.

Stefan Buczacki asserts the moral right to be identified as the author of this work.

目次

ハーブのすべて 6
ハーブとは？ 6
場所と土 9
ハーブガーデンのデザインとスタイル 12
苗の購入と植えつけ 16
手入れの仕方と増やし方 18
コンテナで楽しむハーブ 24
ハーブの収穫と保存 26
害虫と病気 28

ハーブ一覧 34

ヤロー　Achillea millefolium
ショウブ　Acorus calamus
アニスヒソップ　Agastache foeniculum
セイヨウキンミズヒキ　Agrimonia eupatoria
セイヨウジュウニヒトエ　Ajuga reptans
レディースマントル　Alchemilla mollis
ニンニクガラシ　Alliaria petiolata
ネギ属　Allium spp.
アロエベラ　Aloe vera
レモンバーベナ　Aloysia citrodora
マーシュマロウ　Althaea officinalis
アルカネット　Anchusa officinalis
ディル　Anethum graveolens
アンゼリカ　Angelica archangelica
チャービル　Anthriscus cerefolium
セロリシード　Apium graveolens
セイヨウワサビ　Armoracia rusticana
アルニカ　Arnica montana
ヨモギ属　Artemisia spp.
ヤマホウレンソウ　Atriplex hortensis
ヒナギク　Bellis perennis
ルリヂサ　Borago officinalis
マスタード類　Brassica spp.
カラミンサ　Calamintha grandiflora
カレンデュラ　Calendula officinalis
ハナタネツケバナ　Cardamine pratensis
ベニバナ　Carthamus tinctorius
キャラウェイ　Carum carvi
バームオブギリアド　Cedronella canariensis
カモミール　Chamaemelum nobile
ケノポディウム・ボヌスヘンリクス　Chenopodium bonus-henricus
チコリー　Cichorium intybus
冬スベリヒユ　Claytonia perfoliata
コリアンダー　Coriandrum sativum
ナデシコ属　Dianthus spp.
ハクセン　Dictamnus albus
シベナガムラサキ　Echium vulgare
スギナ　Equisetum arvense
ルッコラ　Eruca vesicaria
エリンギウム・マリティマム　Eryngium maritimum
スイートジョーパイ　Eupatorium purpureum
アイブライト　Euphrasia officinalis
メドウスイート　Filipendula ulmaria
フェンネル　Foeniculum vulgare
ワイルドストロベリー　Fragaria vesca
ゴーツルー　Galega officinalis
ヤエムグラ属　Galium spp.
ヒトツバエニシダ　Genista tinctoria
リコリス　Glycyrrhiza glabra
ヒマワリ　Helianthus annuus
カレープラント　Helichrysum italicum
ハナダイコン　Hesperis matronalis
ホップ　Humulus lupulus
ヒドラスチス　Hydrastis canadensis
セントジョンズワート　Hypericum perforatum
ヒソップ　Hyssopus officinalis
オオグルマ　Inula helenium
ニオイイリス　Iris germanica var. Florentina
オドリコソウ属　Lamium spp.
ラベンダー属　Lavandula spp.
ラビジ　Levisticum officinale
マドンナリリー　Lilium candidum
アマ　Linum usitatissimum
パーフォリエイト・ハニーサックル　Lonicera caprifolium
ルピナス　Lupinus polyphyllus
ジャコウアオイ　Malva moschata
ニガハッカ　Marrubium vulgare
シナガワハギ　Melilotus officinalis
メリッサ　Melissa officinalis
ハッカ属　Mentha spp.
タイマツバナ　Monarda didyma
ワスレナグサ属　Myosotis spp.
スイートシスリー　Myrrhis odorata
マートル　Myrtus communis
イヌハッカ　Nepeta cataria
バジル　Ocimum basilicum
イブニングプリムローズ　Oenothera biennis
イガマメ　Onobrychis viciifolia
ゴロツキアザミ　Onopordum acanthium
マジョラムとオレガノ　Origanum spp.
ケシ属　Papaver spp.
テンジクアオイ属　Pelargonium spp.
パセリ　Petroselinum crispum
アニス　Pimpinella anisum
イブキトラノオ　Polygonum bistorta
夏スベリヒユ　Portulaca oleracea
サクラソウ属　Primula spp.
プルモナリア属　Pulmonaria spp.
ホザキモクセイソウ　Reseda luteola
ローズマリー　Rosmarinus officinalis
セイヨウアカネ　Rubia tinctoria
ソレル　Rumex acetosa
ヘンルーダ　Ruta graveolens
サルビア属　Salvia spp.
サラダバーネット　Sanguisorba minor
サントリナ属　Santolina spp.
シャボンソウ　Saponaria officinalis
キダチハッカ属　Satureja spp.
スカルキャップ　Scutellaria lateriflora
ヤネバンダイソウ　Sempervivum tectorum
ゴマ　Sesamum indicum
ムカゴニンジン　Sium sisarum
スミルニウム・オルサトゥルム　Smyrnium olusatrum

ベトニー　*Stachys officinalis*
コハコベ　*Stellaria media*
コンフリー　*Symphytum officinale*
フレンチマリーゴールド　*Tagetes patula*
コストマリー　*Tanacetum balsamita*
シロバナムシヨケギク　*Tanacetum cinerariifolium*
フィーバーフュー　*Tanacetum parthenium*
タンポポ　*Taraxacum officinale*
タイム属　*Thymus* spp.
コロハ　*Trigonella foenum-graecum*
ナスタチウム　*Tropaeolum majus*
フキタンポポ　*Tussilago farfara*
ネトル　*Urtica dioica*
バレリアン　*Valeriana officinalis*
モウズイカ　*Verbascum thapsus*
クマツヅラ　*Verbena officinalis*
ツルニチニチソウ　*Vinca major*
スイートバイオレット　*Viola odorata*

木質ハーブと低木ハーブ 284

ユーカリ属　*Eucalyptus* spp.
ウインターグリーン　*Gaultheria procumbens*
ウィッチヘーゼル　*Hamamelis virginiana*
セイヨウヒイラギ　*Ilex aquifolium*
ゲッケイジュ　*Laurus nobilis*
マルベリー　*Morus nigra*
セイヨウヤチヤナギ　*Myrica gale*
バルサムポプラ　*Populus balsamifera*
アーモンド　*Prunus dulcis*
オーク　*Quercus* spp.
バラ属　*Rosa* spp.
ブラックベリー　*Rubus fruticosus*
ヨーロッパイチイ　*Taxus baccata*
チェストツリー　*Vitex agnus-castus*

索引 314
謝辞 319

各ハーブ一覧の耐寒性を表す温度表

ほぼ耐寒性がない	0℃ 〜 −5℃
かろうじて耐寒性がある	−5℃ 〜 −10℃
まずまず耐寒性がある	−10℃ 〜 −15℃
耐寒性がある	−15℃ 〜 −20℃
非常に耐寒性がある	−20℃以下

ハーブのすべて

ハーブとは？

「ハーブ」というのは、人によって受けとる意味が異なる、
おもしろい言葉です。わたしは本書で、
ハーブを扱う本にはあってしかるべき植物を何種類か除外し、
かわりに意外な種をとりあげていますが、
あなたがその理由を知りたいと思うのは当然でしょう。

植物学者にとって「ハーブ」は、「草本植物」という意味の"herbaceous plant"を簡略化したものです。草本植物は、木質の幹がない点で、木や低木とは異なります。またそのほとんどが、秋になると地上部が枯れてしまい、根茎の状態で冬を越します。けれどこの定義は、低木や木も数種類掲載している本書の趣旨にはそぐいません。"herbaceous"という単語は、ラテン語に由来するフランス語ですが、こうした言語もあまり関係はありません。ちなみにラテン語の"Herba"は「草」、あるいはほとんどの緑色植物を意味します。対してフランス語の"une herbe"は単に「植物」、より具体的には「草」を指し、しばしば"herbe marine"（海草）や"mauvaise herbe"（雑草）といった

形で使われます。

　料理にも使え、薬効もある植物、との意味を持つ言葉として「ハーブ」が初めて英語で用いられたのは、1290年とはっきり記録されています。その後チョーサーの著作にひんぱんに登場しますが、この言葉は今日でさえ、さまざまな意味を持って使われているのです。タイムは一般にキッチンハーブといわれますが、パセリはどうでしょう。セージは普通ハーブとみなされますが、ではタマネギは？　レタスやセロリ、リンゴやクロフサスグリは何に分類されるのでしょう？　どこまでが野菜や果実で、どこからがハーブなのでしょうか。わたしにはわかりません。そこで独自の定義を考えました。料理に用いられるものについては、その植物単体で主要な食材とはならず、基本的には料理に独特な香りを加えるために使われるものだけを含みます。したがって、パセリとある種のオニオンはとりあげていますが、レタスとリンゴは除外しました。

　けれど、すべてのハーブが料理に用いられるわけではありません。実際、医薬として、毒がありながら利用されているもの、あるいは過去に利用されたものもあります。このカテゴリーの種は、多数掲載しています。ただし全般的に考えて、染料の原料としてのみ使われるものは省きました。ここに分類されるのは、複雑か

上: ヤナギの枝を編んでつくった花壇に植えた好対照をなすチャイブとフェンネル。
左: ローズマリーを配した、狭い花壇での寄せ植え。

つ特殊な種でその数も非常に多いこと、それでいて、ごく少数の園芸家しか関心を持っていないことが理由です。また、鍋を磨いたり、害虫を駆除したりといった、単に家事用と呼ぶのがふさわしい使い方しかしない植物も、大抵はのぞいてあります。ポプリとしてしか使わないものもそうです。いい香りのするほぼすべて

ハーブのすべて——ハーブとは？

上：チャイブの咲くハーブガーデンで腰をおろせば、心穏やかな時間が楽しめます。

の植物が、折にふれて、こうした目的のために使われているからです。つまりこれは園芸の本であって、レシピ本でも薬用ハーブの本でもありません。本書は、園芸家の立場から書いています。キッチンで使える多様なハーブを育ててみたい園芸家、また、実際に薬として使ってみたいとは思わないものの、薬用としての効能を持つほかの多くのハーブにも興味はある園芸家の立場です。したがって、一般的なキッチンでの活用法は書いていますが、レシピはありません。また、より重要なのは、薬効が認められているハーブの、薬としての詳細な活用法には言及していない、ということです。薬として使うのであれば、かならず専門家の指導を受けたり、専門知識を身につけてからにしてください。

あなたも、庭でたくさんのハーブを育てていただければと思います。その多くが、ただ庭にあるだけでもとても魅力的なことを知ってください。もちろん、いろいろと料理に使ってみてもいいでしょう。そして、ハーブが長年にわたって関心を寄せられ、ときに薬として驚くような役割を果たしてきたことを理解し、さらなる興味を持ってもらえることを願っています。

場所と土

あなたが庭で育てているたくさんの植物に比べて、
ハーブには、より条件の厳しい土や栽培場所が必要です。
いくつか明らかな例外はありますが、大半の種にとって一番いいのは、
やわらかくて非常に水はけがよく、アルカリ性で、肥沃すぎない土、
そして、日当たりのいい場所です。

上：センペルビブムとラムズイヤーのあいだに
タイムが散りばめられた沿岸のロックガーデン。

　もちろん、園芸家がみな、こうした条件を満たせるわけではありません。ただ、概してハーブガーデンはさほど大きくないので、通常は、ちょっとした揚げ床をつくるなどすれば、今の土を変えて、最適な状態に近づけられるでしょう。しかし、庭に1日中まったく日がささなければ、できることはほとんどありません。そんな場合でも、p.24のように、日当たりのいいテラスや道端にコンテナを置けば、そこで育てられるハーブもあります。

　土を変えるのであれば、その前にまず、土の多様な種類や、どの程度まで手を加えていいのか、いけないのかをしっかりと理解してください。すべての土を構成しているのが、粘土、シルト、腐植土で、それぞれに割合が異なります（小石は一般に保温効果があるので、小石をたくさん

ハーブのすべて――場所と土

含んだ土は、ハーブの成長に悪いものではありませんが、ここでは、石や小石は関係ないものとして考えます)。粘土の割合が高い土は、春になってもすぐに温度があがるわけではありませんが、一度あがればずっと温かく、栄養素も豊富です。ただし、乾燥するとかたくなり、光もとおしません。逆に、雨の多い冬は、水浸しになることもあります。はっきりいって、ハーブにはよくない状態です。対して、やわらかい砂土はすぐに温まりますが、冷えるのも早く、水はけもいいので、水はもちろん、栄養素もあっというまに失われてしまいます。この両方のいいところをあわせ持つのが腐植土――植物が不完全に分解した有機物です。ゼリー状の天然物質を含む土なので、土壌粒子を結合させて団粒を形成することもできれば、スポンジのような特性を用いて、水分を保持することもできます。したがって、土にはつねに、堆肥や肥料をはじめとする有機物を混ぜこみ、ほどよく水分と栄養素を含んだ状態をしっかりと維持したうえで、苗を植えるようにしてください。

多くのハーブが、弱アルカリ性の土を好みます。具体的には、pH7以上の土です。pHは0〜14の数値で表され、その値が7以上であればアルカリ性、7以下であれば酸性です。もともとほとんどの土のpHは6〜7.5のあいだで（したがって、ほぼ中性です）、この状態の土ならたいていのハーブが元気に育ちますが、pH5以下の強酸性の土だと、明らかに元気がなくなります。ただし、弱酸性の土であれば、石灰を加えるだけで、簡単にpH値をあげられます。春になって苗を植える予定の新しいハーブガーデンには、秋のうちに石灰を加えておくといいでしょう。

右：ごく普通の階段が、ハーブにびっしり覆われた庭をとおれば、歓迎の小道に。

左：丈の低い花とハーブの花壇を縫ってのびる砂利道。それを鮮やかに彩るのは、チャイブ、アリウム、ワスレナグサ、セージ、タイムと球果植物です。

ハーブガーデンの
デザインとスタイル

庭づくりは個人の好みが如実に現れるものです。
最高の仕上がりを求めるのであれば、プロのアドバイスを参考にして
よくある失敗を避けつつ、自分でデザインするのが一番でしょう。
ハーブガーデンも同じです。自分の好きなように植えていってかまいません。
そして、それに対しては、だれもとやかくいうべきではないのです。

　ハーブを育てる楽しみは、実用性よりも歴史的なところに多くあるかもしれません。初期のガーデニングは、ハーブを育てることを前提に行われたものが大半でした。長い年月をかけて考えだされてきたハーブの栽培法の中には、きわめて興味をそそられるものが少なくなく、そんな昔ながらの方法をなんらかの形で真似してハーブガーデンをつくりたいと考える人がたくさんいます。しかもこうした古典的な栽培方法は、当時とはまるで違う現代の庭にもぴったりなのです。

右：現代のハーブガーデンで、さまざまな草とともに印象的に配されたセージ、タイム、オレガノ、タラゴン。

右ページ：地面よりも高くしたコンクリート花壇に植えているのは、コットンラベンダー、タイム、コーンフラワーの組みあわせ。

　とはいえ、歴史の重みを体現したハーブガーデンの設計法を説明する前に、まずは、キッチンで使ういろいろなハーブを少しだけ育てたい、という人のために、ごくシンプルなハーブの植え方からはじめましょう。太陽光と土の条件（p.9を参照）に見あった場所で、できるだけキッチンに近いところに植えます。意外かもしれませんが、新鮮なハーブが手に入るのに、調理中は忙しいので、ほんの数メートル離れているというだけで、せっかくのハーブを十分に活用するのを諦めてしまうからです。キッチンで使う基本的なハーブ（p.15のリストを参照）を育てるなら、2×2m、できれば3×3mほどのスペースが必要になります。背の高いハーブを奥の方に植えるようにしてください。その際忘れてならないのが、いくつか踏み石を置くこと。ハーブガーデンは観賞用の花壇とちがい、中に入っていって、ハーブを切り集めなければならないからです。踏み石を置かないなら、靴が土や泥まみれになってしまいます——ソースをかき混ぜているさなかに外に出てそれでは、もううんざりでしょう。けれど、あとは大丈夫。キッチンで使うハーブは、植えやすく、手入れも簡単です。

　さあ、ではいよいよ、歴史の重みを感

じるハーブガーデンを見ていきましょう。そもそものはじまりは中世またはビクトリア朝であり、ポイントは形式を重んじること。デザインの基本は、配置と、調和のとれた美しさです。ハーブを植える場所を正確に計測したら、一定の比率で縮小した輪郭を方眼紙に描きます。ハーブ1種類につき、植えつけのスペースは最小でも60×60㎝ほどとるようにし、それを踏まえて、庭全体を魅力的に区わけできるよう考えましょう。すべての区画の中に入って行かなければならないことを忘れないでください。たとえ切り集めないハーブがあったとしても、手入れはしなければならないのですから。個々の区画を区切るのは、草でも（狭い場所で刈るのは大変で、きちんと切りそろえるのも一苦労です）、レンガでも（多彩な形をつくることができます。かなりの時間を要しますが、見た目はきれいです。ただし、あとで崩れないよう、耐久性のあるものを使わなければなりません）、砂利でも（安価で簡単に使えて、とても魅力的ですが、泥靴だととにかく歩きにくくて、イライラします）かまいません。モルタルでかためた小石や石板は、強度が低いため、効果も低くなります。コンクリートや最新式の厚板、ブロックなどは見た目がよくないので、使うのであれば、レンガにそっくりなデザインを選ぶといいでしょう。

　スペースに余裕があり、中世風やチューダー朝風の植えこみをしたいなら、それぞれの区画の周囲に、生垣をめぐらせます。一番いいのは、小さく同じ形に刈りこんだボックスウッド「スフルチコサ」（p.284を参照）ですが、サントリナ（p.230）やほかの植物も、短期間だけ、より安価な代用品として使うことがあります。やる気があるなら、ボックスウッドの小さな生垣で結び目（ノット）模様を再現し、ノットガーデン風にしてもいいでしょう。ただし、この複雑なデザインにする場合は、方眼紙に、それぞれの生垣の位

置を正確に記さなければなりません。それから、竹やより糸を使って、実際にハーブを植える場所に印をつけ、正方形に区切っていきます。その後、方眼紙に描いたデザインにしたがって、丁寧にハーブを植えていきましょう。

　木製の車輪を土の上に寝かせ、スポークのあいだにハーブを配していけば、狭い場所でも簡単に、パッと目を引く、整然とした植えこみができます。本物の車輪が手に入らなくても大丈夫。好みの大きさの車輪のデザインを、レンガでつくればいいのです。ガーデニングの古書（最近は昔の作品も再版されています）に載っているデザインを見て、アイデアを得るのもおすすめです。また、テーマに沿った庭づくりも検討してみましょう――たとえば、シェイクスピアの作品に登場する、香りのいいハーブや、熱を下げるために用いられる植物、漢方薬の原料となる植物だけを集めて植えるのです。けれど肝心なのは、概して簡単に育つ植物を心から楽しむこと。そして、歴史と想像のすばらしい世界を堪能してください。

左：実はこの塀で囲まれたハーブガーデンは、多様な区画にたくさんのハーブが散りばめられています。パープルセージ、タンジー、フェンネル、トリカブト、花盛りのアリウムやオダマキ、ピンク色のイブキトラノオなどです。

キッチンで使える基本的なハーブ

ガーリック 48

チャイブ 48

チャービル 64

タラゴン 72

ブロンズフェンネル
　「プルプレウム」 124

カレープラント 138

ゲッケイジュ 294

アップルミント 178

メリッサ
　「オーレア」 174

バジル 190

オレガノ
　「オーレウム」 198

パセリ
　「モスカールド」 204

ローズマリー
　「ミスジェサップアップライト」 218

セージ 226

タイム
　「シルバーポジー」 262

苗の購入と植えつけ

新しくハーブを買う方法は主に2つあります。
1つは、地元の園芸用品店へ行って、自分で探すこと。
もう1つは、ハーブ苗の専門店から購入することです。これなら、
より多様な苗が見られて、ネット通販で購入することもできるでしょう。

　園芸用品店では、植物は小さな鉢に入っています。通販や、昨今よくあるオンラインで購入する植物は、小さなプラスチック容器に入れたうえで、傷つけず、元気な状態を維持できるよう、きちんと考え抜かれた梱包用の箱にしっかりと詰めて送られてきます。容器に入れられたハーブは、理論的には1年中いつでも植えられますが、概して低木などに比べると弱いため、通販やオンラインの業者がきちんとした在庫を送ってくれることが多い、春か秋に購入して植えるのが一番いいでしょう。

　p.18で説明しているように、ほとんどのハーブ、特に低木タイプの寿命は長くありません。だからといって、寿命の長い植物よりも植えつけ場所を入念に用意しなければならないわけではありません。ハーブの苗は概してかなり小さいので、ある程度の大きさのハーブ用の苗床を用意して、そこにまとめて植えれば大丈夫です。個々の苗にあわせて、1つずつきっちりと植えつけ場所をつくっていくのは非常に時間がかかって大変ですから、この方が簡単でしょう。苗を植える前には、土をしっかりと2回、すき返すか、一度十分に掘り返して、堆肥（一般にハーブには動物性肥料の方が適しています）を混ぜ入れることだけはしておいてください。

　どこからであれ苗が届いたら、すぐに植えます。そうすれば、早く、しっかりと根づかせることができます。植える場所には、苗の大きさの2倍程度の穴を掘ります。通販やオンラインで購入した苗の場合は、穴の大きさを苗の4倍程度にしましょう。苗からとりのぞいた土は、ほぼ同量の堆肥か同じような有機物、それと一つかみの骨粉と混ぜてください。リン

左：タネから育てたバジルを間引いて植え替えます。

酸の豊富な肥料になります。これが根の発達をうながし、すぐに根づかせるのにも役立ちます。また、苗の外側の根は、植える前に必ず軽くほぐします。さもないと根は、周囲の土よりも多く水分を含んでいる、苗の中へ中へとのびていってしまうことがままあるからです。苗を植え穴に植えたら、周囲の土を慎重に踏みかためます。小さな苗なら、穴を埋めるときに使ったこての柄を使ってかためてもいいでしょう。ただし、かためすぎないように注意してください。植え終えたときに、土が、ハーブの茎から傾斜していく小さな山になっているようにします。こうしておけば、水が根元にたまらないので、土が凍ってハーブを傷つけることもありません。最後に、かならずたっぷり水やりをします。

肥料と水

肥料と水はもちろん、すべての庭植えの植物にとって大事ですが、ハーブ類と称されるものは、ほかの植物に比べると、さほどどちらも必要としません。概してハーブは、豊富な炭酸カリウムを必要とするたくさんの大きな花や果実をつけることがないからです。またハーブの場合、収穫されて使われるのは大半が葉ですが、その葉を十分茂らせるのに必要と一般にいわれる窒素も、多すぎれば害になる可能性があります。窒素たっぷりの肥料は、比較的成長の早いキャベツのような葉物植物には効果的ですが、葉も小

さく、通常成長も遅いハーブに与えると、しなっとした、まずい葉になってしまうこともあるのです。したがって、窒素、リン酸、炭酸カリウムがほぼ同じ割合で含まれた、バランスのいい、一般的な肥料を軽めに与えるのがいいでしょう。それに見事にかなうのが、窒素とリン酸とカリウムを5：5：6程度の割合で含む魚粉肥料です。

水も大切です。日当たりがよく、水はけもいいハーブガーデンは、往々にして乾燥しがちです。そこで、年に1、2度土が湿っているときに、軽く根覆いをしてください。普通の有機物なら、ほとんどのものが使えますが、ハーブは通常小さい植物なので、粗めの堆肥などは避けるのがなによりです。かわりに細かい堆肥を選びましょう。一番いいのは、十分に腐った腐葉土です。

手入れの仕方と増やし方

概してハーブは、長いあいだ手をかけずにおいてもいい植物ではありません。大半の多年草はすぐに大きくなって、割り当てた区画からはみ出してしまいます。小さな低木タイプであれば、多くが2、3年でのびすぎてぐちゃぐちゃになってしまうので、もとに戻してやらなければなりません。

中には、明らかに短命な一年草や二年草もあります。したがってハーブの成長には、定期的に新しいものと植え替えることが大事です。その際、単に近くの園芸店や種苗園で新しいものを購入するのも1つの手ですが、今すでに自分が育てている植物を増やす方が安あがりで、はるかに楽しいでしょう。ただしそれは、その植物が健康な場合にかぎります。病気の植物を増やしても、問題が尾を引くだけです。

ハーブの増やし方は、主に3つあります。タネから育てる、株わけする、挿し木をする、です。ハーブはほとんどのタイ

上：穴をあけたビニール袋のカバーをつけた、ラベンダー「ヒドコート」の挿し穂。

プがタネから育てられます。けれど、料理に使うハーブには、そうすべきではないものが多くあります。タネから育てたものは最高品種にはならないからで、こうした品種は、株わけか挿し木で増やさなければなりません。とはいえ、多くの薬草と、キッチンハーブの中でも一、二年草はタネから育てられるし、育てるべきです。しかも、とても簡単にできます。最終的には屋外で育てるハーブですが、タネは、最初から屋外にまいても、まずは温室などにまいて、寒さに少しずつ慣れさせてから屋外に植え替えてもかまいません。

屋内

温室のベンチやキッチンの窓台にタネをまくなら、かならず、きちんと包装されて、評判のいい業者の商標がついた、新鮮なものを買ってください。タネをまくための堆肥、育苗器、水、そしてほとんどの場合光と、十分な温度を維持する手段が必要です。堆肥は、自分でしっかりと混ぜてください。土が入っていても土なしでもいいですが、どのハーブにも、つねに新鮮な堆肥を使います。

育苗器にはいろいろなタイプがありますが、最低でも鉢やビニール袋があれば大丈夫です。実際、さほどたくさんの種類を育てる必要がない場合、ハーブは小さな鉢で十分です。それをいくつか、プラスチック製で一般的な大きさのシードトレイに並べます。その際は、開閉調節可能な穴のあいた、専用のかたいプラスチックのカバーがついたトレイにしてください。通常トレイとカバーはセットで購入できますし、これを使えば、挿し木を育てることもできます。どんな育苗器を選ぶにせよ、使う前にはかならず洗ってください。

タネは、芽を出さなければならないので、一般に、苗よりも若干温度を高くして

やらなければなりません。さらに、温度の上限はタネごとにかなりはっきりと決まっていますが、その限度内で温度が高ければ高いほど、早く、均一に発芽します。このように、適切な温度を十分に確保することはとても大事ですが、これは土の温度であって、周囲の空気の温度ではないことを忘れないでください。肝心なのは土の温度（園芸家は「底熱」といいます）で、最適な底熱を供するには、底部に電熱ケーブルかヒートマットを配した育苗器に、専用の砂を敷き詰めるのが一番です。低電圧で機能するタイプもありますから、温室専用の電力供給が難しくても、それなら安全に、家から温室までケーブルを引くことができるでしょう。サーモスタットがあれば、かなり正確に温度調節ができます。タネの袋に書いてある推奨温度をかならずチェックしてください。

小さなタネから土の上に緑の子葉が出てきたら、育苗器のカバーについている穴を半分あけます。その後、まっすぐにのびてきたら、かならずすべての穴をあけてください。最初の本葉が出たら、カバーをはずします。この時期の水やりは慎重に行うことと、苗を暑い日差しにさらさないことがとても大事です。1つの鉢に対して、タネは2、3粒ずつまき、複数芽が出てきたら、生育の悪いものを間引きます。こうしておけば、あとで移植しなくても大丈夫です。ただし、苗は寒さに慣れさせなければいけません。

そのために苗を入れた鉢を置く場所が冷床です。苗はいつでも、植えつけ前に、最低でも2週間は冷床に置いておきます。最初の1週間、昼間はカバーを半分はずしておき、夜は全面を覆います。2週目に入ったら、昼間は完全にカバーをはずし、夜間は半分にします。冷床がない場合、昼間は苗を入れた鉢を外に出しておき、夜はカバーをかけておけばいいでしょう。とはいえ、これは手間がかかります。対して安価な冷床は、非常に価値のある投資といえます。

屋外

園芸家が、タネをまく前に考えるのが、耕作適性のある土を手に入れることです。耕作適性というのは、なんとも気になる、説明しがたい特性ですが、一番わかりやすくいうなら、タネの発芽と苗の成長が最も申し分なく行われる土の状態、になります。具体的には、細い根がスムーズにのびていけるくらい団粒は細かく、同時に、団粒と団粒のあいだには、根が十分な水分と空気を確保できるだけの孔げきが必要です。また、土の構造も

一様でなければなりません。こうした特性がすべてそろってはじめて、土は均一かつ素早く温まります。

　タネをまく場所は、概して大ざっぱに掘るにとどめましょう。秋には有機物を混ぜこみ、冬のあいだはかなり大きな塊の状態で土を放置してかまいません。こうした塊も、冬の雨と霜が、春までに砕いておいてくれます。それでも、まだまだ塊は残っていますし、土の状態も均一ではありません。雑草も顔を出していることでしょう。そこで、再度土を掘り返していきます。このときは、鋤ではなく、熊手を使います。雑草をとりのぞき、熊手の背側で土の塊を崩してください。この作業は、春になって、土が乾いてきたらすぐにはじめられます——ただし適切な時期は、あなたのいる地域の状況や、土の性質によって当然ちがってきます。p.9で述べたように、砂土の方が、粘土よりも早く作業にとりかかれるでしょう。タネをまく1週間ほど前までには、残っていた塊もすべて崩し、バランスのいい一般的な肥料をまいて、土の表面から数センチのところまで混ぜ入れ、土をきれいにならします。熊手を90°ずつ回転させながら圧をかけて、できるだけ表面を平らにしてください。

右：
鉢に入ったハーブ。
いつでも植えつけ
できます。
左から順に、
ローズマリー、
オレガノ、
セージ。

一般に、ハーブのタネはばらまくのが一番です。つまり、列に沿ってまっすぐに並べるより、数粒ずつバラバラまき散らす方がいいということです。それを踏まえて、ハーブガーデン内の個々の区画の準備をします。まず、土をくまなく丁寧にならしてからタネをまき、その後、タネに土をかけながら再度ならし、最後に慎重に圧をかけます。ただし、ばらまくタネの量はつねに控えめに。そして、芽が出すぎた場合には、ある程度間引きして、実生と実生のあいだに十分なスペース――タネの袋におすすめの間隔が書いてあります――を確保します。

株わけ

　ガーデニングにかんする昔からの名言いわく、植物を一番簡単に増やせる方法が株わけです。多年草の大きな株を掘りあげて、小さな株にわけてから植えなおします。秋か初春に行うのが最適で、やり方はとても簡単です。熊手で親株を掘りあげたら、まず最初に2つにわけ、その後、さらに何株かずつにわけます。できれば手でやりましょう。それが無理なら、熊手と熊手の背をあわせて親株に差しこみ、それから熊手を左右に離していきます。鋤は、根を切断して、傷つける可能性が高いため、絶対に使わないでください。直径15cm程度の親株なら、10株ほどにわけられるはずです。ただし、親株の中心部分はかならず破棄してください。すでに劣化しているので、植え替えても丈夫に育たないからです。

下：発根促進剤に挿し木をひたして、ローズマリーを増やします。

挿し木

挿し木に用いる主な部分は3つ、やわらかい枝、やや成熟した枝、かたい枝です。各枝を切りとる時期には注意してください。やわらかい枝なら成長サイクルの早い時期に、かたい枝は最後になります。絶対に必要なわけではありませんが、成長ホルモンの発根促進剤は使ってもいいでしょう。すべての枝に使えますが、一番効果があるのはやわらかい枝です。

かたい挿し木以外、すべての挿し木は、タネをまくときに使う育苗器か、カバーのついている冷床など、かならず覆いのあるところに挿してください。挿し木をした周辺の土には、十二分に水分を与えることがとても大事です。さもないと、葉から失われていく水分を、根がない状態でしっかりと補うことができないからです。したがって、カバーのある育苗器であっても、土やシートなどの保水量に注意し、霧吹きスプレーで定期的に挿し木に水をかけてください。かたい挿し木は、育苗器でも大丈夫ですが、庭の覆いのある場所にも挿せます。その場合は、切り口を斜めに切って、底面に砂を敷き詰めた場所に挿しこみます。挿し木を挿す場所(砂地や培養土など)は、植物の種類によってかわります。どこに挿せばいいかは、個々のハーブの説明にしたがってください。

一般に挿し木を親木から切るときは、若芽のすぐ下をすっぱりと切ります。ゲッケイジュのような常緑で低木タイプのハーブは、問題が生じることがあります。かたい挿し木でよく行われる休眠枝挿しの場合、葉があるので、水分を補給する手段がないままに葉から水分が失われていくのです。ただしこれも、取り木法を用いれば、往々にして解決できます——親株にまだ挿し木をつけているあいだに根を出させ、それから土に植えるのです。マイナス面は、忍耐が必要なこと。取り木法の場合、満足に根をはるのに18ヶ月以上かかることがほとんどだからです。

コンテナで楽しむハーブ

ハーブはコンテナでも育てられます。
大半の植物ができるのですから、意外なことではありません。
コンテナで育てれば、ごく狭い庭しかない人でも、舗装された場所や
道路沿いで、役に立つハーブのちょっとした寄せ植えを楽しめます。
また、もっと小さな寄せ植えなら、屋外の植物が枯れてしまう冬のあいだも、
屋内の窓台や室内で、元気に育てられるでしょう。

　かならず培養土を使います。コンテナは、おしゃれなテラコッタポットを選ぶといいでしょう。見た目もよく、土が呼吸できるので、プラスチックの場合によく見られる、根腐れの可能性もあまりないからです。コンテナは、排水用の穴がきちんとあるものにします。また、水受け皿の上には置かないでください。ハーブを上手に育てるには、たっぷりの水としっかりとした排水が欠かせないからです。植物によって、どれくらい大きくなるかはちがいますから、それぞれにあわせたサイズのポットを選びます

左：ガーデンフェンスにかけたウィンドウボックスに配したのは、ハルシャギク、タイム、サルビア、カレープラント、そしてバジル。

右：小さな中庭に並べた、ラベンダーを植えたコンテナ。

（大きさにかんする説明は、一覧の各項に詳しく記してあります）。またハーブは、同じ種類のものを1つのポットに入れるようにしてください。多様なハーブを混ぜて植えれば、最初のうちはきれいに見えるかもしれませんが、成長の速度が違うので、のちのち大変になります。

　ハーブ専用のポットは1つしかなく、いわゆるパセリポットと呼ばれるもので、側面に、植物がのびてくる穴があいた、背の高いポットです。きれいに植えれば、とても魅力的ですが、それにはちょっとしたコツが必要です。最初にポットに培養土をびっしり詰めこんでしまうと、そのあとで穴からハーブを植えようとしても、根を傷つけてしまい、しっかりと根づかせることができません。コツは、培養土を最初の穴の高さまで入れたら、そこでいったん土を入れるのをやめ、ポットの内側から穴の外にむかって、慎重にハーブを植えていきます。それからまた次の穴まで土を入れ、ハーブを植えて、をくり返して、ポットいっぱいに土を詰めていくのです。

　あなたも、コンテナでハーブを育ててみてください。ハンギングバスケットやウィンドウボックスに、何種類かハーブを植えます（ウィンドウボックスには、個々にハーブを植えたポットを並べます。こうしておけば、しおれてきたり、とり替えなければならないときにも、簡単にポットを入れ替えられます）。コンテナは、多様なサイズを集めましょう。そしてかならず、日当たりのいい場所に置いてください。夏は、しっかりと水をやります。また、特に大きくて生育のいい植物には、成長期のあいだに1、2回、バランスのいい液体肥料を用いて、少し余分に栄養を与えます。

　コンテナにはいくつか特別な活用法があり、それらは個々のハーブの項で説明してあります。いずれも、ミントなどの繁殖力の強い植物です。このような植物は、コンテナで育てないと、あっというまにハーブガーデンを覆いつくしてしまいます。そこでこうしたハーブは、p.176に記したようにコンテナに植え、コンテナごと庭に埋めて、地面と高さをそろえればいいのです。

ハーブの収穫と保存

ハーブは、庭から収穫したてのものを使うのが一番です。
サラダ用などの新鮮な野菜と同じで、市販品とは違う、
自家製ならではの大きな利点でしょう。
屋内に置いたポットで育てたハーブなら、多少旬をすぎても収穫できます。
とはいえ、すべてのハーブを1年中新鮮なまま収穫するのは無理です。
さらに、薬用にするのであれば、ほぼつねに、ある種の準備も必要です。

前述したようにこれは園芸の本であり、料理や医薬の本ではないので、そういったハーブの使い方にかんする詳細な説明はあえてしていません。しかしながら、以下にあげる料理用のハーブに特化した基本的な収穫と保存法は、大いに役立つはずです。

なんらかの化学薬品を塗布したハーブは、食べたり保存しないでください。薬草としては扱えるものの、保存する場合はかならず、新鮮なものを収穫します。乾燥させたり冷凍したハーブは、青々と茂った新鮮なハーブにはけっしておよびません。しかし、黒ずんだり黄ばんでしまったハーブよりははるかにいいでしょう。一年草や落葉種の葉は、若いうち

に、つまりは概して初夏のうちに収穫します。常緑種の葉は年間をとおしていつでも収穫してかまいませんが、一般には新しい葉が好ましいでしょう。葉は、日が登る前の早朝に収穫するのが一番だといわれています。日がさして気温が上昇すると、揮発性の化学物質が蒸発し、効果が薄れてしまうからです。

花は咲き切る前に、実やタネは落ちてしまう直前の十分に熟したときに収穫するのが最適です。したがって、収穫前の数週間はよく観察し、熟し具合を確かめましょう。収穫する際は、タネをつけた頭状花を慎重に切り、上から袋をかけて縛ったら、暖かく、風とおしのいい場所に吊るして、しっかりと乾燥させていきます。

ハーブは乾燥させて保存するのが昔からのやり方ですが、それだとどうしても、新鮮なものに比べてかなり香りが落ちてしまいます。そのため、香りを残して乾燥させる唯一にして一番いい方法が、電子レンジを使うことですが、それでも、より繊細な香りや魅力は失われてしまうというハーバリストもいます。対して冷凍は、ほとんどのハーブをよりよい状態で保存できるすばらしい方法です。特にパセリのように繊細なものは、よく冷凍保存されています。難しい工程はないので、

上：ガーリックは育てるのが簡単で、昔から、料理と医薬の両方に用いるために栽培されてきました。
左：パセリの収穫。

新鮮なハーブがほとんど収穫できない冬でも、お気に入りの夏のハーブを使えるよう、ぜひ冷凍してみてください。フリーザーバッグに少量のハーブを入れて、冷凍するだけです。もちろんこのほかにも、あまり一般的ではありませんが、特定のハーブに用いる保存法もあります──オイルやハーブビネガーに漬ける、砂糖をまぶして砂糖漬けにする、そして、酢や塩水に漬ける、などです。

害虫と病気

ハーブはほかの園芸植物に比べると、
害虫や病気の問題はさほど心配ありません。もっともハーブの場合、
その栽培の主目的が花にあることはほとんどないので（そのうえ花も
概して小さいので）、花の問題はあまり重要視されないのでしょう。
また、多くの葉が料理や医薬に使われますが、
たまたま妙な穴があいていても、通常はほとんど問題になりません。

　それでも、ほかの園芸植物に対する一般的な考え方は、ハーブにも当てはまります。つまり、治療よりも予防が大事ですが、それにも限界はある、ということです。対処方法には、化学物質と非化学物質の2つがありますが、効果はかならずしも同じではありません。目の前の問題がどの程度深刻なのかや、どれくらいの被害までなら許容可能かは、個人の見解で大きく異なります。

　ただし、予防に際して忘れてはならない大事な要因があります。すべての食用植物に、化学物質は使わない方が望ましい、ということです。とはいえ、それが難しいこともあるので、この項では、化学物質を用いたあと、最小限の時間をおいてその植物を使う場合にのみ、最も安全と思われる製品だけをあげています。さ

質の場合とはかなり違うので、メーカーの指示をきちんと読んでから行ってください。

p.30〜33の一覧では、ハーブガーデンでよく遭遇する問題を簡単に特定できるよう、各症状の特徴をあげ、それぞれの対処法と、利用可能な化学物質の詳細をまとめてあります。

上：ミントのさび病。
左：ノミハムシの被害を受けたルッコラ。
右：パセリに寄生したニンジンフタオアブラムシ。

らに、ほかの選択肢がある場合は、バイオコントロール法も提示します。最近は、素人園芸家でも利用しやすいよう改良されたものが増えているのです。その中でも、目下ハーブガーデンに関連するものには2つの方法があり、いずれも線虫（ネマトーダ）を活用しています。一方はキンケクチブトゾウムシの幼虫を、もう一方はナメクジを退治します。こうした線虫を使う方法は、いつも使っている化学物

葉に見られる症状

問題	特徴	考えうる原因
しおれる	全体的に	水不足・根の害虫か病気・立ち枯れ病
穴があく	全体がボロボロになる	小さな害虫(ヤスデ、ワラジムシ)・カメムシ
	楕円形の穴；通常ぬめりがある	ナメクジかカタツムリ
	葉全体に大きな穴か縁だけ	毛虫・カブトムシ
変色	黒くなる	すす病
	大部分が赤くなる	水不足
	ほぼ白くなる	肥料欠乏・水不足・水のやりすぎ
	まだらに黄ばむ	ウイルス
	不規則な線状の跡	ハモグリムシ
	表面のシミ	ヨコバイ
	春に茶色くなる(枯れる)	霜
斑点	茶色くまだら。カビはない	斑点病
	小さく、くすんでいる。茶、黒か明るい橙黄色	さび病
カビ	黒	すす病
	灰色、綿状	灰色カビ病
	白(まれに茶色)、ビロード状	うどん粉病
昆虫の蔓延	ガに似た、白く小さい虫	コナジラミ
	緑、灰色、黒などの虫	アブラムシ
	カサガイに似た、外皮を持つ平らな虫	カイガラムシ
	ミミズに似た、6本足の大きな虫	イモムシ
クモの巣状の糸	葉の変色も見られる	ハダニ

花に見られる症状

しおれる	全体的に	水不足・開花期間終了
ボロボロになる	小さい穴が大量に見られる	イモムシ
	大きな穴が点在	鳥

問題	特徴	考えうる原因
完全にとれる	概して近くに捨てられている	鳥
変色	白い粉末状のものに覆われる	うどん粉病
カビ	綿状の灰色のカビ	灰色カビ病

茎または枝に見られる症状

侵食	若い茎や枝で	ナメクジかカタツムリ
	古い茎や枝で	ネズミ、ハタネズミ、ウサギ
昆虫の蔓延	緑、灰色、黒などの虫	アブラムシ
	カサガイに似た、外皮を持つ平らな虫	カイガラムシ
	ミミズに似た、6本足の大きな虫	イモムシ
腐る	若い茎や枝の根元	裾腐病
	低木タイプのハーブ	腐朽菌
枯れる	全体的に	水不足・紅粒がんしゅ病・根の害虫か病気

ハーブの問題に対処するのに役立つ殺菌剤、殺虫剤、農薬など

殺菌剤	用途とポイント
テブコナゾール	浸透性、斑点病とさび病に特に有効
トリチコナゾール	浸透性、斑点病とさび病に特に有効
硫酸と脂肪酸*	非浸透性、多くの葉の病気に

殺虫剤	用途とポイント
天然せっけん*	接触性、ほとんどの害虫に
合成ピレスロイド	接触性、ほとんどの害虫に

殺菌剤	用途とポイント
除虫菊*	接触性、ほとんどの害虫に

ナメクジとカタツムリの駆除剤	用途とポイント
リン酸第2鉄	錠剤で
メタルアルデヒド	錠剤、顆粒剤、または液体で

ハーブに見られる一般的な害虫および病気の対処法

問題	対処法
アブラムシ	専用の接触性殺虫剤を使用。侵された芽を手で摘みとるか、アブラムシをホースで洗い流す。
カブトムシ	通常対処は不要。不適。ただし過度に侵された場合は、専用の接触性殺虫剤の使用もいたし方ない。
鳥	ネットをかけるなどの防御。被害が深刻な場合はカカシを設置。ただし、すべての鳥が法的保護下にあり、安易に傷つけてはいけないことを忘れずに。
カメムシ	突発的に発生するため、効果的な対処法を講ずるのは難しい。
イモムシ	ほんの数匹しかいなければ、手でつまんでとる。大量発生した場合は、影響を受けた葉をすべて摘みとり捨てる。
紅粒がんしゅ病	病気が発生した枝を、健康な部分も含めて切りとり、捨てる。
肥料不足	バランスのいい一般的な液体肥料を与える。
腐朽菌	菌が発生した部分か植物全体を破棄。それ以外、適切な対処法はなし。
灰色カビ病	病気が発生した部分を破棄。
ヨコバイ	突発的に発生するため、効果的な対処法を講ずるのは難しい。
ハモグリムシ	虫をとりのぞき、被害を受けた葉を破棄する。
斑点病	深刻な斑点病はめったにないので、たいていの場合対処不要。ただし、植物の成長に支障をきたしているようなら、移植する。
ネズミ	ネズミとりをしかけるか、殺鼠剤を使う。
白カビ	植物が乾燥しすぎないようにし、浸透性殺菌剤か硫黄を用いる。
ヤスデ	ヤスデが集まるゴミをきれいに片づける。
ウサギ	土の表面全体に、外側にむけて90°に曲げた背の低い金網フェンスを配する。それが、確実に防ぐ唯一の方法。
ハダニ	植物に水をたっぷりやり、根覆いをすれば、被害を抑える一助にはなるが、確実に効果のある対処法はない。
根の害虫	通常効果的な対処法はないが、キンケクチブトゾウムシにはバイオコントロール法が使える(p.29を参照)。
根の病気	被害を受けた植物を徹底的に除去。
さび病	食用ハーブの場合、可能な対処法はなし。ほかの植物にはトリチコナゾールかテブコナゾールの殺菌剤を塗布。

問題	対処法
カイガラムシ	浸透性の殺虫剤を塗布または浸漬。
ナメクジ	専用の錠剤か、液剤（ビールでおびき寄せるなど）を使う。植物の根元を、灰やすすのような微粉で囲むか、ハリエニシダのような鋭いトゲのある枝で低い垣根をつくる。
カタツムリ	深刻な場合は、ナメクジ同様に対処。だが概して深刻なことはなく、数も少ないので、隠れている場所を探し、手でつかんでとりのぞける。
すす病	菌を水で洗い流すか、被害のひどい葉を破棄してから、菌を増殖させる分泌物を出す害虫を特定し、対処する。
裾腐病	できることはほとんどないが、根が水浸しになっているなら、問題の場所の水はけをよくすること。
ウイルス	概してあまり影響はないので、対処は不要。
野ネズミ	ネズミとりをしかけるか、殺鼠剤を使う。
コナジラミ	屋外の植物の場合、効果的な対処法はなし。
ワラジムシ	隠れている場所を探して、とりのぞく。

* 一般に有機園芸家でも使用可能。

注意：こうした化学物質の中には、特別な薬剤の形でしか利用できないもの、特定の化学物質との併用でのみ使用できるものもあるので、注意が必要です。また、ある種の害虫や病気専用に販売されているものもありますが、いずれにせよ、各製品のラベルをきちんと読み、そこに記された方法で、製品の趣旨にのっとって使用してください。この一覧に掲載しているのは、有効成分名です。製品名とは異なりますが、製品のラベルに記されているでしょう。食用植物への化学薬品の使用にかんする注意事項は、p.26に書いてありますので、そちらも参照してください。

ハーブ一覧

Achillea millefolium
ヤロー

多彩な花をつけるこの多年草にも栽培品種があります。そのすべてが魅力的なわけではありませんが、ハーブガーデンで、本来の状態で育てられれば、とても美しい、うっすらと銀色に輝く花と、非常に細かい切りこみのある羽根のような葉をつけるでしょう（だから "*millefolium*" ――「千枚の葉」という意味の名前がついているのです）。

栽培方法と注意点

　秋と春に軽く根覆いをし、春にバランスのいい一般的な肥料を軽く与えます。枯れた頭花は切り落としてください。満開のときに切って乾燥させ、観賞用として使ってもいいでしょう。春に株わけをするか、晩春に、加温しない育苗器の培養土にタネをまいて増やします。

左：白いヤロー。

右：ヤローとハーブティー。

ヤローの基本情報

問題：なし。

おすすめ品種：購入できるのは通常品種のみです。

鑑賞ポイント：夏に見られる、羽根のような銀灰色の葉と、ヒナギクを思わせる白い小花。ほかの色の花をつける品種もあります。

場所と土：日当たりのいい場所から、非常に明るい日陰まで。乾燥した土ややせ土を含め、ほとんどの土で育ちますが、最適なのは、肥沃で上質な、水はけのいい壌土。

耐寒性：非常にあります。−20℃以下でも大丈夫。

大きさ：土の状態によって大きくかわります。上質な土なら、3年後には75×45㎝くらいまで大きくなります。

ヤローの利用法

料理 花は、全体でも個々の小花でもサラダに使われます。また、チーズを使った料理やスープ、オムレツなどをつくる際にも用いられます。葉もサラダに使用。

料理以外 皮膚のあざや傷の治療薬として、生の葉をはじめ、さまざまな部位が利用されています。

Acorus calamus
ショウブ

根茎多年草で人目を引くこの種は、ハーブの特徴を有する非常に希少な水生植物で、池の周辺のような広大な庭で栽培する価値があります。その葉は一見アイリスに似ていますが、ほかの多くの水生植物と同じで、アルム属の仲間です。ハーブ一覧に掲載しているのは、英名「甘い旗」の「甘い」ゆえで、この植物は、葉が傷ついたり折れたりすると、驚くほどスパイシーで、甘く、魅力的な香りを発します。

栽培方法と注意点
秋、または寒冷地では春に、枯れた葉と花を切り落とします。春に株わけをして増やします。

ショウブの基本情報
問題： なし。

おすすめ品種： 通常品種はごく普通のハーブですが、小ぶりで成長も遅いのが「アルゲンテオストリアトゥス」という種で、クリーム色や金色の縦縞が入った葉を有します。

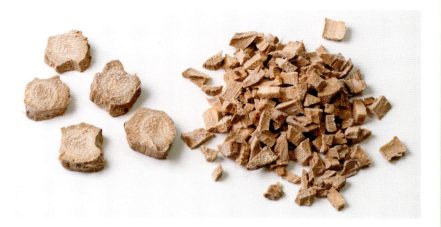

上：切り刻まれたショウブの根茎。
左：ショウブの花穂。

鑑賞ポイント：アイリスのような葉。夏、茎の先端にむかってのびる、アルム属特有の茶色がかった緑色の肉穂花序。

場所と土：水辺で、25cmほど水につかった状態であれば、日当たりのいい場所でも、非常に明るい日陰でも大丈夫。

耐寒性：非常にあります。−20℃以下でも大丈夫。

大きさ：4、5年後には、1.2m×75cmくらいまで大きくなります。

ショウブの利用法

料理　現在料理に使われることはほとんどありませんが、かつて根茎は肉の風味づけに使われました。

料理以外　乾燥させた葉や根茎はポプリに、葉はかつて、香りのいい床の敷物として使われました。腸や腎臓、（特に）胆のうの諸症状の治療に用いる薬は、根茎から抽出されます。

Agastache foeniculum
アニスヒソップ

この多年草は、シソ科の中でもあまり知られていないものの1種です。北米に分布し、同族植物とちがって、欧州にはまだ19世紀初頭に紹介されたばかりで、最近になってハーブガーデンの一角を彩るようになってきています。独特で魅力的な唇状の花を穂の部分にたくさんつけますが、シソ科のほかの多くの種に比べると、その穂は小さめです。半耐寒性なので、寒い地域でも簡単に育てることができます。

栽培方法と注意点

　温暖な地域では、秋と春に軽く根覆いをし、春、バランスのいい一般的な肥料を軽く与えます。春に花穂を切り戻し、株わけで増やします。寒冷地では、夏のあいだにやや成熟した枝を挿し木にし、加温しない温室で越冬させてください。古い枝は廃棄するか、鉢に植えるか、親株として、覆いをして保存しておきます。概してかなり短命で、温暖な地域でも、親株は3年ごとに、接ぎ木から新しくしなければなりません。タネからも育てられます。その場合は、加温していない育苗器の培養土に初夏にまいてください。

左：咲き誇るアニスヒソップ。
右：アニスヒソップのハーブティー。

アニスヒソップの基本情報

問題： 暑い夏のうどん粉病。

おすすめ品種： 一般に購入できるのは通常品種ですが、とても魅力的な白い花をつける「アラバスター」と「アルバ」という品種も目にすることがあります。近縁種のカワミドリ、いわゆるコリアンミントも店頭に並ぶことがあります。

鑑賞ポイント： シソ科の植物独特の、イラクサに似た葉と、青紫の小花をつけた花穂が、夏の中ごろから先、楽しめます。

場所と土： 寒風をしのげる、日当たりのいい場所から、非常に明るい日陰まで。軽くて水はけがいいものの、かなり肥沃な土。

耐寒性： まずまずあります。−10℃くらいまで大丈夫です。

大きさ： 3年後には50〜75×45cmくらいまで大きくなります。

アニスヒソップの利用法

料理　乾燥させた葉は、おいしく香りのいいアニスシードのハーブティーとして利用されることがあります。

料理以外　なし。

Agrimonia eupatoria
セイヨウキンミズヒキ

純粋に鑑賞植物として栽培されるものの、その姿は少々悲しく、実際、かなり弱々しく見えます。夏のあいだ、非常に細い穂に、星のような形の小花をつけますが、茎がとても細いのみならず、同時に咲く花の数もごくかぎられている

という欠点があります。にもかかわらず、ハチにとってはかなり魅力的な多年草です。甘い香りもします（すぐそばまで鼻を近づければわかります）。薬草としても活用されており、その歴史は、この一覧に掲載するにたるだけの長いものです。

栽培方法と注意点

　秋と春に軽く根覆いをし、春、バランスのいい肥料を軽く与えます。花が枯れたら切り戻します。まだ花が咲いているうちに切って乾燥させ、ポプリをつくってもいいでしょう。春か秋に株わけをするか、春、加温していない育苗器の培養土にタネをまいて増やします。

セイヨウキンミズヒキの基本情報

問題: なし。

おすすめ品種: 購入できるのは通常品種のみです。

鑑賞ポイント: 夏に見られる、黄色い小花をつける花穂。近縁種のシモツケソウを彷彿とさせる、切りこみのある葉。

左:セイヨウキンミズヒキ。
下:セイヨウキンミズヒキのお茶。

場所と土: 日当たりのいい場所。かなり軽く、水はけがよければ、多様な土で育てられます。

耐寒性: 非常にあります。−20℃以下でも大丈夫。

大きさ: 3、4年ほどたつと、1〜1.2m×30cmになります。

セイヨウキンミズヒキの利用法

料理 なし。

料理以外 葉からは、甘い香りのハーブティーがつくられることがあり、咽頭痛や咳をはじめとする不調には、浸出液を用います。黄色の染料にもなります。

Ajuga reptans
セイヨウジュウニヒトエ

日陰でグランドカバーとして使われることがあります。こうした耐陰性は、多くのハーブが日の光を求める中で、非常に貴重な特徴です。濃い紫の葉は、初夏に咲く美しい青い花と見事な対照をなしています。けれど多くの人が、この多年草は異様に繁殖し、うどん粉病にかかりやすいと考えていて、本当にガーデニングにふさわしい植物とはみなされていません。

栽培方法と注意点
　秋と春に根覆いをして、しっかりと根づかせます。春、バランスのいい一般的な肥料を軽く与えます。花が枯れたら切り戻して、きれいに整えましょう。白カビが生えてきた場合も同様です。春か秋に株わけするか、自然にのびたランナーを植え替えて増やします。

セイヨウジュウニヒトエの基本情報

問題: うどん粉病。

おすすめ品種: 通常品種は、緑の葉とミッドブルーの花をつけます。ほかにもたくさんの品種がありますが、中でも(ハーブとしての価値はないものの)より魅力的なのが「アルバ」(白い花)、「アトロパープレア」(濃い紫の葉と濃い青紫の花)、「バーガンディーグロー」(わずかな斑入りの真紅と緑の葉)です。

上:セイヨウジュウニヒトエ。
左:咲き誇るセイヨウジュウニヒトエ。

鑑賞ポイント: 一般に、白または薄い青や紫の唇状の花をつける短い花穂。程度の差はあるものの楕円形で、多彩な葉。グランドカバー。

場所と土: 日当たりのいい場所から完全な日陰まで。ただし日向では、うどん粉病が発生しやすくなります。ほとんどの土で大丈夫ですが、一番よく育つのは、肥沃でオーガニックな土です。

耐寒性: 非常にあります。−20℃以下でも大丈夫。

大きさ: 4、5年ほどたつと、15cm×1mくらいまで大きくなります。

セイヨウジュウニヒトエの利用法

料理 なし。

料理以外 低血圧や傷をはじめとする血液の諸疾患の治療を含め、いくつかあります。

Alchemilla mollis
レディーズマントル

ハーブか否かにかかわらず、不可欠な園芸植物のリストの上位にくるのがレディーズマントルです。多年草の中でも、最良にして、最も適応力のあるグランドカバーですが、ハーブとしての長くおもしろい歴史も有しています。葉に落ちた雨だれや露のしずくは水銀のような形になり、かつては魔法の力が秘められていると考えられていました。「レディー」というのは聖母マリアに由来します。薬として用いられるのは、多くが婦人科系の疾患に対してです。欠点があるとすれば、小さな庭のグランドカバーにするには、いささか繁殖力が強すぎる、ということでしょう。これほど繁殖力が強くない、かわりになる近縁種もあります。

栽培方法と注意点
晩秋に枯れた花を切り戻して根覆いをします。その後、初春に再度根覆いをし、バランスのいい一般的な肥料を与えます。花が色あせたり茶色くなったら刈りこんでください。春か秋に株わけするか、自然播種したものを植え替えて増やします。

レディーズマントルの基本情報
問題：なし。

左：レディーズマントル（アルケミラモリス）。
右：レディーズマントルのハーバルセラピー。

おすすめ品種：かつて「アルケミラモリス」や「アルケミラウルガリス」と呼ばれていた多くの植物は、今では別種と考えられていますが、この2種がハーブガーデンで最も一般的に役立つ（そして、ハーブの特徴を共有している）のは事実です。狭い場所にぴったりなのは、「アルケミラモリス」と、繁殖力の劣る「アルケミラアルピナ」でしょう。

鑑賞ポイント：程度の差はあるものの、ノコギリ歯状の明るい緑色の丸い葉と、初夏に咲く、黄色がかった緑色の羽毛のような頭頂花。「アルケミラアルピナ」の葉は特に裂開が強く、まるで指のようです。

場所と土：日当たりのいい場所からまずまずの日陰まで。たいていの土は大丈夫ですが、非常に重く、冷たい状態はダメです。一番いいのは、弱アルカリ性です。

耐寒性：非常にあります。−20℃以下でも大丈夫。

大きさ：「アルケミラモリス」は、3年後に50×50cmくらいまで大きくなります。「アルケミラアルピナ」は、半年ほどでそれくらいになります。

レディーズマントルの利用法

料理　サラダに軽い苦味を添えるために、少量の若い葉を加えてもいいでしょう。

料理以外　婦人科系疾患に対する薬としての利用をはじめ、皮膚疾患の治療や外傷の治療薬としても用いられます。

Alliaria petiolata
ニンニクガラシ

ニンニクガラシは、羽の先端がオレンジ色のチョウ、クモマツマキチョウのイモムシのエサとして知られています。花もチョウもよく目にするのは初春です。生垣の縁で栽培されているのをしばしば見かけるので、「生垣のそばのジャック」という英名にぴったりのハーブですが、悲しいかな、その価値は正しく評価されていません。料理に使われてきた最古のハーブの1種であり、葉をつぶすと、ガーリックを思わせる独特な香りを発します。

栽培方法と注意点

多年草としては短命かもしれませんが、二年草として育てるなら最適でしょう。まず春、鉢にタネをまき、それを秋に植え替えます。すると、自然播種します。晩秋には刈りこんでください。

右：サラダに使うために用意したニンニクガラシ。
左：生き生きとしたニンニクガラシ。

ニンニクガラシの基本情報

問題：なし。

おすすめ品種：購入できるのは通常品種のみです。

鑑賞ポイント：初春に咲く、かなり短命の白い花をつける花穂と、大きくて、程度の差はあるもののハート形に見える葉。

場所と土：明るい日陰からまずまずの日陰まで。大半の土で育ち、かなり湿った土でも大丈夫です。

耐寒性：非常にあります。-20℃以下でも大丈夫。

大きさ：2年目までには、75㎝～1m×25㎝くらいまで大きくなります。

ニンニクガラシの利用法

料理 刻んだ葉は、ほのかにタマネギを思わせるピリッとした風味やガーリックのような香りをサラダに添えます（学名の"Alliaria"はネギ属の"Allium"と同じ起源です）。ほかにもさまざまに調理されますが、概してソースに香りを付加します。

料理以外 薬用はほとんどなく、おそらくまだ使われてはいないでしょう。

Allium spp.
ネギ属

ネギ属は広範で興味深く、キッチンで大活躍するものもあれば、独自の魅力を有するものもあります。薬効が高いものもあれば、観賞用としての価値を備えたものもあります。ネギ属ですから、ほとんどが球根から成長します。タマネギをはじめ、球根の部分を食べる種もいくつかあり、それらは一年草として育てられます。けれどほかの種は、葉と花を使うので、これらはまちがいなく、多年草として育てることができるでしょう。

栽培方法と注意点
ネギ属のハーブはいずれも、苗を買うのが一番です。秋には、古くなった地上部を切り落とし、軽く根覆いをします。そして春、バランスのいい一般的な肥料を軽く与えてください。春か秋に株わけをするか、肉芽を植え替えて増やします。

ネギ属のハーブの基本情報
問題： さび病（特にチャイブ）、うどん粉病、タマネギバエ、白腐れ病。

右： ニラ。
次ページ： 刻んだチャイブ。

おすすめ品種： ネギ属には非常に近い種が多数存在します。野生の状態のまま、庭での形態がまだよくわかっていない種もいくつかありますが、大半は東欧や西アジアを起源としています。鱗片を複数有する「エシャロット」は、鱗片が1つの「タマネギ」の変種です。また、ハーブガーデンに適したおもしろい種もあります。「ツリーオニオン」や「エジプシャンオニオン」と称される種で、花序にエシャロットくらいの大きな鱗片をつけます。

「ガーリック」は、「小球根」あるいは「小鱗茎」のかたまりのためだけに栽培されがちですが、葉もすべて食べることができ、多くの地域では、多年草として、地面に植えたまま冬を越させることがあります。

「ジャイアントガーリック」あるいは「ヒメニンニク」は、香りがやわらかく、茎の先端に食べられる鱗片をつけます。

「チャイブ」は、ネギ属の中では最も有名で有益なハーブでしょう。球根は非常に小さく、葉のためにのみ栽培されますが、花も食べられます。

「ニラ」は、球根というより塊根状の根と、リーキに似た平らな葉を有し、白い花をつけます。ガーリックをマイルドにした香りがします。

「ネギ」は、ハーブというより野菜ですが、年間をとおして大量に収穫できることから、多年草として栽培されうるというだけの価値はあります。

鑑賞ポイント：きれいな緑の葉と茎。さらにその上にある、通常密集して球形をなす藤色または白い花。チャイブは特に魅力的。ツリーオニオンは、その奇妙な形にまちがいなく引きつけられるでしょう。

左：チャイブ。
右：ガーリック。

場所と土： 日当たりのいい場所から非常に明るい日陰まで。肥沃でオーガニックでありながら、水はけのいい土なら、一番よく育ちますが、比較的やせた土でも、ほとんどのネギ属は大丈夫です。ただし、水浸しの重い土はダメです。

耐寒性： 非常にあります。-20℃以下でも大丈夫。

大きさ： 25×10㎝くらいのチャイブから、2、3年たつと1m×20〜30㎝になるツリーオニオンまで、種や変種によってさまざまです。

ネギ属のハーブの利用法

料理 程度の差はあるものの、刻んだ葉は、（種によって）サラダやスープ、煮物にしっかりと香りをつけるために使われることがあります。球根か小球根は、丸ごとか刻んだ状態で、加熱するか生のまま、タマネギと同じように用いられます。花も食べることができ、球根や葉よりも香りはおだやかです。サラダを一段と引き立て、ほかの飾りとしても魅力を付加します。

料理以外 ほとんどのネギ属、特にガーリックには抗菌性が認められており、多くの人が、風邪の予防にガーリックを欠かさずに食べています。また、血中コレステロール値を下げる効果があることから、広く活用されてもいます。

Aloe vera
アロエベラ

アロエベラといえば、庭で栽培する植物というより、浴室の戸棚にある、瓶に入ったクリームを思い浮かべる方が多いでしょう。けれど多年草のアロエベラは正真正銘の植物で、ユリ科に含まれる、たくさんの多肉植物の1種です。また、地中海や同じように温暖な気候の地域原産の植物にしては、かなり耐寒性があるのも驚きでしょう。とはいえ、厳しい寒さが続くなら、屋内などに移動できるよう、コンテナで育てるのが一番です。

栽培方法と注意点

根頭の腐敗を引き起こすかもしれないので、根覆いはしない方がいいでしょう。夏のあいだは定期的に水をやりますが、土が十分に乾燥してからにしてください。また、月に1回、液体肥料を与えます。寒冷地では、冬のあいだは覆いの下に移動させてください。子株を植え替えて増やします。

右：アロエベラ。
次ページ：新鮮なアロエベラの葉からとったゲル。

アロエベラの基本情報

問題：アブラムシ、カイガラムシ、コナカイガラムシ。

おすすめ品種：購入できるのは通常品種のみですが、アロエ属のほかの種もたくさん、観賞用として販売、栽培されているので気をつけてください。中には、アロエベラとまったく異なる、収斂性のゲルを含むものもあります。

鑑賞ポイント：ロゼット状に広がる明るい緑の葉。先端が細く、ギザギザしていて、肉厚でやわらかく、概して多分に水分を含みます。とても魅力的な黄色がかったオレンジ色で、非常に細い、トランペットを思わせる形の花がときどき咲く花穂。

場所と土：寒風をしのげる、日当たりのいい場所。水はけがよく、有機物が少なくて肥沃な土。鉢で育てる場合は、上質な培養土。

耐寒性：かろうじてからまずまずの耐寒性があります。−10℃くらいまで大丈夫です。

大きさ：5年以内に30×30cmくらいまで大きくなります。

アロエベラの利用法

料理　なし。

料理以外　スキンクリームのベースとして。ゲルは、新鮮であれば、日焼けをはじめとする痛んだ肌の鎮静、治癒に塗布して利用できます。ただし、推奨品種を、その注意事項にしたがって使ってください。

Aloysia citrodora

レモンバーベナ

このハーブは、強いレモンあるいは柑橘系の香りを有するだけではありません。おそらく、最も強い香りを有しているでしょう。低木状の多年草で、南米の温暖な地域が原産ですが、香油の原料として、欧州でも200年ほど前から栽培されています。夏のハンギングバスケットを彩る多くのほかのバーベナと同じ科の仲間ですが、属は異なり、観賞植物とみなされることはあまりありません。

栽培方法と注意点

冬の霜から守るため、秋に根覆いをし、春に再度行います。春、バランスのいい一般的な肥料を与え、霜害を受けた枝は切り落としてください。温暖な地域であれば、壁を背にして、扇のような形状に仕立ててもいいでしょう。壁から熱が伝わり、強い香りが立ちます。寒冷地ではコンテナで育て、冬は、加温しない温室に入れてください。増やす場合は挿し木です。初夏にやわらかい枝を切り、軽く加温した蓋つきの育苗器に入れます。

左：レモンバーベナ。
右：レモンバーベナのハーブティー。

レモンバーベナの利用法

料理 葉はハーブティーに使われます。また、デザートやお菓子にレモンの香りを付加するため、刻んで用いられることもあります。

料理以外 医療用として、特に浸出液の形で多々用いられています。また、スキンクリームのベースにも、当然ポプリにも使われます。

レモンバーベナの基本情報

問題：なし。

おすすめ品種：購入できるのは通常品種のみです。

鑑賞ポイント：晩夏、ほんのりと赤みを帯びた小花をわずかにつける、広がった花穂。長くのびた、濃い緑色の葉。

場所と土：寒風をしのげる、日当たりのいい場所。できれば弱アルカリ性の、水はけがいい、肥沃な土。鉢で育てる場合は、上質な培養土。

耐寒性：かろうじてからまずまずの耐寒性があります。−10℃くらいまで大丈夫です。

大きさ：場所によってかなりちがいます。温暖な地域では、5年以内に3×2mくらいになります。寒冷地では、おそらくその1/3程度です。

Althaea officinalis
マーシュマロウ

マーシュマロウときくと、ほとんどの人がまず思い浮かべるのが、甘くてベタベタするお菓子ではないでしょうか。けれどこれが、ウスベニタチアオイの別名であり、その甘さやベタベタしたところは、「マーシュ」の意である沼や湿地で育つ「マロウ」つまりアオイ科の種からきていることはほとんど知られていません。現在、お菓子のマシュマロは、ほかの原料からつくられていますが、植物のマーシュマロウの方は、今でもハーブガーデンに独特な趣を付加しています。もともとは塩沼で生育している種ですが、適応性の高い植物なので、多様な土で栽培できます。

栽培方法と注意点
　秋と春に根覆いをし、春、バランスのいい一般的な肥料を与えます。秋に刈りこんでください。秋か春に株わけをするか、春、培養土にタネをまいて増やします。多年草ですが、二年草として栽培しても問題ないでしょう。

マーシュマロウの基本情報
問題：なし。

おすすめ品種：購入できるのは通常品種のみです。

右：
マーシュマロウの根。
左：
マーシュマロウ。

鑑賞ポイント： ほどほどの魅力のみ。ごく普通の花穂。ベルベット状の葉。葉腋に咲く、薄桃色の典型的なアオイ科の花。

場所と土： 日当たりのいい場所。かなり湿っていれば、ほとんどの土が大丈夫。

耐寒性： 非常にあります。−20℃以下でも大丈夫。

大きさ： 3年以内に2m×50cmくらいまで大きくなります。

マーシュマロウの利用法

料理 刻んだ葉と花は、サラダに用いるとかなりの甘みを付加できます。葉は、野菜として軽く茹でたり蒸したりしてもいいでしょう。根は、湯がいてから刻んで炒めます。

料理以外 咳や咽頭痛用の浸出液として、また外部炎症の緩和など、さまざまに使われます。

Anchusa officinalis
アルカネット

シベナガムラサキ (p.110を参照) やセイヨウジュウニヒトエ (p.42を参照) と混同しないでください。これは、「染料」を意味する古代アラビア語由来の「アルカネット」という名前からも明らかなように、古くから用いられている多年草です。一般には、赤いヘナ染料の原料として栽培されてきました。しかしながら

らヘナは、ほかのムラサキ科の植物からも集められていて、その植物が同じように「アルカネット」といわれていたため、混乱が生じたのでした。その外観は、多くのムラサキ科の植物にありがちなもので、意外性も魅力もとぼしい、非常に平凡な植物です。

栽培方法と注意点

秋と春に根覆いをし、春、バランスのいい一般的な肥料を軽く与えます。秋に刈りこんでください。秋か春に株わけするか、春に培養土にタネをまいて増やします。二年草として栽培しても問題ないでしょう。

左：草地に咲くアルカネット。
右：アルカネットの花。

アルカネットの基本情報

問題： なし。

おすすめ品種： 購入できるのは通常品種のみです。

鑑賞ポイント： 紫がかった青い小花をつける、先端が曲がった独特な花穂。どちらかといえば長い葉は、この科の多くの植物の葉がごわごわしているのに対して、ふわっとした毛に覆われています。

場所と土： 日当たりのいい場所で、水はけのいい、かなり軽い土が最高です。湿った土や寒冷地では、栽培は難しいでしょう。

耐寒性： 非常にあります。−20℃以下でも大丈夫。

大きさ： 2年ほどのうちに1m×50cmくらいまで大きくなります。

アルカネットの利用法

料理 刻んだ葉と花は、サラダに加えることができます。

料理以外 染料の原料以外にも、根のエキスがさまざまな医薬に用いられています。

Anethum graveolens
ディル

ディルは、温暖な気候であればとてもよく育ちます。けれど栽培条件が整っていない場合は、一般的なセリ科の中でも最も扱いにくく、いらだたしいハーブの1種です。二年草ですが、ほぼつねに一年草として栽培されます。ディルといえば、よくあるキュウリのピクルスの香りづけや、魚料理の飾りとしての利用法が有名です。どうしてもディルの栽培がうまくいかない場合は、ディルよりも香りが強く、はるかに育てやすいフェンネル（p.124を参照）を代用するといいでしょう。

栽培方法と注意点

　半耐寒性の一年草として栽培します。春、栽培場所にタネをまき、30cm間隔に間引きます。1列以上栽培しなければならない場合は、列と列のあいだを60cmあけてください。一番いいのは、春の半ばに少しタネをまき、覆いをしておくことです。そうすれば、晩夏にタネを収穫できます。その後、夏に少しずつタネをまいて、新鮮な若い葉を定期的に摘みと

右：多くの料理に使える多様な素材。
左：ディル。

り128。葉と頭花は新鮮なうちに摘み、タネは完全に熟す前に収穫し、自然乾燥させます。ただし、水をやっているあいだは乾燥させすぎないよう、また、成長を阻害するような状態にしないよう、注意してください。

ディルの基本情報

問題：なし。

おすすめ品種：購入できるのは通常品種のみです。

鑑賞ポイント：羽根を思わせる、繊細な緑の葉。黄色い小花をつける散形花序。

場所と土：日当たりのいい場所。水はけがよくて軽く、肥沃な土。寒冷地や湿った土での栽培は難しいでしょう。

耐寒性：かろうじてあります。−5℃くらいまでなら大丈夫ですが、一年草としてなら、ほぼ問題なく育てられます。

大きさ：ひと夏で60㎝〜1m×50㎝ほどまで大きくなります。

ディルの利用法

料理 刻んだ葉は、魚料理やクリームチーズ、スープなどの料理に用いられます。タネが使われるのは、魚やスープ、さらに何種類かのお菓子です。頭花は、キュウリをはじめとする野菜のピクルスに加えられます。ディルのビネガーをつくる際に利用するのは、タネと頭花です。

料理以外 主にディルウォーターが消化不良に用いられますが、それ以外にも多様な用途があります。

Angelica archangelica
アンゼリカ

セリ科の供する多様な香りは、けっしてわたしたちを飽きさせることがありません。たとえば、フェンネルシードは強烈な香りで、アンゼリカはやさしく甘い香りですが、どちらもいい香りであることにちがいはないでしょう？　ほかの多くのセリ科の植物と同じで、アンゼリカも湿気のある場所で、白い花をつけます。ただし、比較的大きな切りこみのある葉と、太い茎を有していて、より強靭なグループに属しています。

上： アンゼリカ。
右： アンゼリカの砂糖漬け。

栽培方法と注意点

多年草ですが、二年草として育てるのが一番です。春、栽培場所にタネをまきます。秋になったら地上部を刈りこみ、根覆いをしてください。春に再度根覆いをし、バランスのいい一般的な肥料を軽く与えます。まず葉を初夏に収穫し、ついで砂糖漬けにする茎をとります。そして最後、晩夏にタネを集めます。

アンゼリカの基本情報

問題：なし。

おすすめ品種：購入できるのは通常品種のみです。

鑑賞ポイント：ほかのセリ科の植物と特にちがう点はありません。緑がかった白い小花をつける散形花序と、その下に広がる、大きな明るい緑色の葉。

場所と土：部分的に日陰になる場所。湿った、できればオーガニックの土。

耐寒性：非常にあります。−20℃以下でも大丈夫。

大きさ：2年目までに2m×75cmくらいの大きさになります。

アンゼリカの利用法

料理 茎は砂糖漬けにして、お菓子の飾りに用いられます。葉は、ルバーブや果物のコンポートに使用すれば、酸味を和らげることができます。ジンをはじめとするお酒の香りづけに用いられるのはタネです。

料理以外 鼓腸の治療としての浸出液を含め、医薬としてのちょっとした活用法がいくつかあります。根をはじめとするさまざまな部位が、甘く心地いい香りのアロマの原料として使われています（この医薬とアロマの利用法はどちらも、偶然の産物とみなされています）。

Anthriscus cerefolium
チャービル

チャービルは一年草です。白い花をつける、欧州で最も一般的な野生のセリ科植物カウパセリによく似た、栽培用の品種です。草丈はチャービルの方がずっと低いものの、葉はとてもよく似ています。カウパセリは園芸にはむきませんが、チャービルは、なんともいえないいい香りを持つ、貴重なハーブの1種です。その香りは、アニスやミルラ、パセリなどさまざまにいわれますが、どれも

チャービルの香りをきちんと表してはいません。昔からフランス人シェフに好まれていて、フランス語のメニューにはしばしば、チャービルを意味する言葉が見られます。

栽培方法と注意点
　耐寒性の一年草として栽培します。春の半ば、栽培場所にタネをまき、覆いをします。その後、20㎝ほどの間隔に間引いてください。場所があれば、自然播種も可能です。

チャービルの基本情報
問題：なし。

左：チャービルは使う前に、すり鉢か手で細かくします。
反対ページ：
庭に咲くチャービル。

おすすめ品種： 購入できるのは通常品種のみです。

鑑賞ポイント： とても細かい切りこみの入ったかわいい葉。きれいな散形花序の白い頭花。

場所と土： 明るい日陰。軽く、湿った土。ただし、絶対に水はけがいいこと。

耐寒性： まずまずあります。−10℃くらいまで大丈夫です。

大きさ： 1年以内に30〜45×30㎝になります。

チャービルの利用法

料理 刻んだ葉は、サラダをはじめ、鶏肉や多くの魚といった、それ自体がしっかりとした香りを有しない多様な料理に用いられます。

料理以外 医薬としてのちょっとした活用法がいくつかあります。消化促進には、原則として生の葉が用いられます。

Apium graveolens
セロリシード

セロリの栽培品種は家庭菜園で育てる野菜に含まれますが、その数は現在、それほど多くありません。軟白栽培ならさほど手はかかりませんが、家庭菜園の畝で栽培するタイプには、オーガニックの肥沃な土が必要で、かなり手間も要するのが大きな理由です。けれど広大なハーブガーデンであれば、野生種用のスペースも見つかるでしょう。この植物には、古代ギリシャ・ローマ時代にまでさかのぼる、長くおもしろい歴史があります。当時セロリは、オリーブやパセリをはじめとする植物とともに、古代ギリシャの競技で勝利を手にした人をたたえる花冠をつくるために用いられていました。

栽培方法と注意点

耐寒性の一年草、あるいは二年草として栽培します。春の半ば、栽培場所にタネをまき、その後35〜40cmほどの間隔に間引きます。1年目に花が咲き、タネができるかもしれませんが、ダメな場合は、秋に根覆いをし、春にバランスのいい肥料を少量与えて、2度目の夏まで待ち、それからタネを収穫します。

セロリシードの基本情報

問題：真菌斑点病。

上：あまりサラダの素材にはならない
セロリシード。
左：成長する野生のセロリ。

おすすめ品種： ハーブとして楽しむなら、通常品種のみ。野菜として育てたいなら、栽培品種。

鑑賞ポイント： わずかに切りこみの入った、とてもかわいい小さな葉。緑がかった白い花の散形花序。

場所と土： 明るい日陰。肥沃で湿っているけれど、絶対に水はけのいい土。

耐寒性： 非常にあります。−20℃でも大丈夫。

大きさ： 通常2年目までに、80㎝〜1m×30㎝になります。

セロリシードの利用法

料理　タネを使ってつくれるのがセロリソルトです。刻んだ葉は、サラダやたくさんの料理、特に魚料理に用いられます。

料理以外　はるか昔から、医薬として用いられてきました。現在は、ビタミン含有量が非常に高いことで知られています。

Armoracia rusticana
セイヨウワサビ

セイヨウワサビのように、栽培主に刺激を与えられるハーブは多くありません。その強烈な刺激はミントにもまさるので、最初から大量に栽培しないようにしてください。レンガや石板を並べた窪地に植えるのが理想ですが、レンガや石板も漆喰でしっかりと接合しておかないと、継ぎ目から根がどんどんのびて出てきてしまうでしょう。だからといって、このとびきり貴重な野菜を育てるのをやめようなどとは思わないでください。おろしたてのセイヨウワサビを用いたソースと、いつも使っている市販品とでは、比べようもないのですから。

栽培方法と注意点

　多年草ですが、セイヨウワサビの根をしっかりと育て、なおかつその成長力を維持したいなら、一年草として栽培するのが一番です。まず、75cm四方程度の栽培場所を確保します。できれば石板を垂直に埋めて囲んでおくといいでしょう。そこに、春、苗を2、3本植えます。秋になったら掘り出してください。すぐにソースをつくってもいいですし、必要なときまで冷凍保存しておいてもいいでしょう。地中には根の一部がかならず残っていて、それが翌年にはまた新たに育ってきます。初春に追肥で根覆いをし、バランスのいい一般的な肥料も与えます。

セイヨウワサビの基本情報

問題：葉を食べる虫がいますが、さほど深刻ではありません。うどん粉病と（あまり知られていませんが）根こぶ病。

おすすめ品種：広く購入できるのは通常品種ですが、葉に白い斑点がある「バリエガタ」というよりかわいい品種も見かけることがあります。通常品種とまったく同じように料理に使えるようです。

鑑賞ポイント：斑点模様の変種をのぞけば、ほとんどありません。太い革ひものような、色鮮やかな緑の葉。晩夏、いつのまにか背の高い花穂にたくさんついている白い小花。

場所と土：ほぼどこでも大丈夫です。ただし、一番よく育つのは、日当たりのいい場所で、上質な土です。経験を積んだ園芸家は、セイヨウワサビがどこでもちゃんと育つことを知っています。

耐寒性：非常にあります。−20℃以下でも大丈夫。

大きさ：おすすめしたように、一年草として育てるなら、1年以内に75cm〜1m×30cmくらいまで大きくなります。

左：セイヨウワサビ。
下：すりおろしたセイヨウワサビ。

セイヨウワサビの利用法

料理 根はすりおろします。細かく刻めばさらによく、それで、肉と、燻製にした魚や脂っこい魚用のソースをつくります。刻んで加熱したビートルートを加えれば、すばらしいバリエーションになります。

料理以外 咳をはじめとする喉の不調の治療を含め、医薬としてのちょっとした活用法がいくつかあります。

Arnica montana
アルニカ

この多年草は、わずかな人しか見たことがない植物の1種です。非常にめずらしいので、名前がわかる人も少ししかいません。黄色い花をつけるヒナギクの「別種」として片づけられてしまうことがままあります。けれど、自然な生息地である山地の乾燥した草原や、ハーブガーデンに咲く姿はとてもかわいく、何世紀にもわたって栽培され、さまざまな医薬に用いられています。

上：アルニカ。
右：乾燥させたアルニカの花。

栽培方法と注意点

　春と秋に軽く根覆いをし、春、バランスのいい一般的な肥料を軽く与えます。秋には、成長した先端を切り落としてください。秋か春に株わけをして増やします。春、冷床の腐植を豊かに含んだ培養土にタネをまいてもいいでしょう。

アルニカの基本情報

問題： うどん粉病。ただし、概して開花後です。

おすすめ品種： 購入できるのは通常品種のみです。

鑑賞ポイント： 美しいロゼット状に広がる、細かい毛に覆われた葉。夏になると1本の茎の先に、ヒナギクのようなかなり散開した黄色い花を1つつけます。

場所と土： 日当たりのいい場所。アルカリ性で水はけのいい、それでいて非常に肥沃な土。

耐寒性： 非常にあります。−20℃以下でも大丈夫。

大きさ： 4年ほどたつと、50〜75×30cmくらいまで大きくなります。

アルニカの利用法

料理　なし。口にしないでください。

料理以外　捻挫の治療やストレス緩和の外用薬がつくられているのを筆頭に、医薬としてのちょっとした活用法がいくつかあります。また、乾燥させた根と葉から、香りのいいタバコもつくられています。

Artemisia spp.
ヨモギ属

ヨモギ属は、ハーブガーデンの中の隠れたヒーローです。けっして目立たず、どんなに頑張っても、魅力的と評される種はほとんどありません。銀色の葉を有する、美しい姿の種もあるのに、です。けれどこの多年草の中には、料理に使われる、独特で貴重なタラゴンのように、最も古くからある、最も伝統的な薬草も含まれていています。

ギリシャ人は、ヨモギ属の価値を知っていました。だからこそ、ほかならぬ古代の王マウソロスの妹アルテミシアの名前をつけたのです。彼女は、兄であり夫であるマウソロスのために、壮大な廟を立てました（「霊廟」を意味する語は、ここからきています）。アルテミシアの日々は、明らかに多忙を極めていたにもかかわらず、時間を見つけては、薬草を栽培し、研究をしていました。見習いたいものです。

右：新鮮なタラゴンの束。
左：フレンチタラゴン。

栽培方法と注意点

春と秋に軽く根覆いをし、春、バランスのいい一般的な肥料を与えます。秋には、先端の花序を数cm切り戻してください。夏、やや成熟した切り枝を、冷床の培養土に挿して増やします。

ヨモギ属の基本情報

問題：なし。

おすすめ品種：最高品種である本物の「タラゴン」は、細長く、つやのある葉を有し、どことなくアニスを思わせる香りがかすかにします。それよりもさらに細い葉を持つ、いわゆる「ロシアンタラゴン」は、最も粗悪な植物で、本物のタラゴンのかわりにはとてもなりません。

「ツリーアルテミシア」は、銀色をおびたやわらかな葉が房状に生い茂る、ヨモギ属の中でも1,2を争う低木です。「オキナヨモギ」は、レモンの香りがする、細かい切りこみの入った葉を有します。「ニガヨモギ」は、細い切りこみの入った葉とともに、極めて強い苦味を有する種です。最も美しい形といえば、観賞用として広く栽培されている、きれいな銀白色の「ランブロックシルバー」です。

細い切りこみの入った、絹を思わせるとてもやわらかい葉を有する種もあります。「ヨモギナ」には、ノコギリ状の細かい切りこみの入った、明るい緑の葉は、ほかの種に比べるとさほどありません。「ホワイトセージ」は、銀白色に輝くヤナギのような葉を有し、それは鑑賞種の「シルバークイーン」や「バレリーフィニス」に最も顕著に見られます。「ローマンワームウッド」は、とてもふわふわしたかわいい葉を有し、その香りは強烈で、かなりスパイシーです。

鑑賞ポイント：細かい切りこみの入った、香りのいい葉。これ以上ない見事な形で、美しい銀白色をしています。

場所と土：日当たりのいい場所。水はけがよくて軽く、できれば弱アルカリ性の土。

耐寒性：ほとんどの種にまずまずあります。−15℃以下でも大丈夫です。冬はしっかりと根覆いをして保護してください。

上：乾燥させたタラゴン。
左：オキナヨモギ。

大きさ： 種によって異なります。大半は、3年以内に90㎝〜1m×30〜45㎝まで大きくなります。グランドカバー種はそれほど大きくなりませんが、「ヨモギナ」はほとんどの種よりも高くなり、2mに達することもあります。

ヨモギ属の利用法

料理 タラゴンの葉には多様な利用法があります。鶏肉とあわせるのが一番ですが、ほかにも、タラゴンビネガーやハーブバター、タルタルソース、オランデーズソースなどをつくる際にも用いられます。ほかのヨモギ属は、それほど料理には活用されませんが、アルコール飲料、それも特にアブサンの香りづけに使われているものがいくつかあります。

料理以外 タラゴンには、医薬としてのちょっとした活用法がいくつかあります。かつては、壊血病の治療薬として使われました（現在タラゴンは、ビタミンC含有量が高いことが知られています）。ほかのヨモギ属の葉は、家庭や庭で使う虫よけの原料として用いられています。人体寄生虫の治療薬として使われたこともありました。また、一般的な消毒剤として、命にかかわらないさまざまな医薬にも用いられています。

Atriplex hortensis

ヤマホウレンソウ

ホウレンソウ属を含む広範なアカザ科は、キャベツなどのアブラナ属を含むアブラナ科同様、たいていの人から正しく理解されていません。そして、そのアカザ科の中でも一番小さな属に含まれるのが、耐寒性の一年草ヤマホウレンソウです。属は小さくても、何世紀にもわたってハーブガーデンで栽培されてきました。そしてかつては、薬草として非常に重きを置かれていたのです。ヤマホウレンソウには在来種があり、いずれも程度の差こそあれ、ホウレンソウの代替品として認められています。けれど、ここでとりあげるハーブのヤマホウレンソウは、アジアが原産でした。

栽培方法と注意点

鉢にタネをまき、その後60cm四方の場所に植え替えます。ほかの色の葉が手に入るなら、交互に植えていくといいでしょう。

ヤマホウレンソウの基本情報

問題：うどん粉病。葉を食べる虫。

おすすめ品種：山吹色の葉を有する種と赤みがかった紫色の葉の「ルブラ」という変種が手に入ることもときにあります。通常の緑色の葉の品種と混植すると、とてもきれいでしょう。

鑑賞ポイント：程度の差はあるものの、大きな三角形の葉。一般的な緑の葉は

左：ヤマホウレンソウ。
右：赤みがかった紫色のヤマホウレンソウ。

特に目立たないものの、色のついた品種は人目を引きます。しかしながら、ヤマホウレンソウは非常に大きくなる多分枝性の植物なので、植える際にはその点をよく考えなければいけません。とても控えめな小花をつけます。

場所と土： 日当たりのいい場所。水はけがいいものの、かなり肥沃な土。

耐寒性： 非常にあります。−20℃以下でも大丈夫。

大きさ： 1年以内に、2m×75cmまで大きくなります。

ヤマホウレンソウの利用法

料理 厳密にいえば、ハーブとしては何もありません。ただし、葉に色のついている品種は、サラダにとてもすてきな彩りを添えるでしょう。フランスでは人気があり、サラダ用の野菜や、スープのベースとして使われています。

料理以外 かつてはその一般的な治癒力から、薬として高く評価され、咽頭痛の治療の主成分として、非常に広範に用いられていました。

Bellis perennis
ヒナギク

タンポポ、クローバー、クワガタソウ——ほとんどの人が、芝生からとりのぞこうと思う雑草です。けれど、白と金色の小花をつけるヒナギクを、自分の芝生から除去しようと思う人はめったにいません。おそらく、かわいいからでしょう。また、大半の雑草のように、あっというまに広がったりしないから、という理由もあるでしょう。あるいは単に、だれしも子どものころにこの花で遊んだ記憶があるからかもしれません。とはいえいずれも、この花がハーブガーデンで栽培されている説明にはなりません。にもかかわらず、サラダをすばらしく引き立てる魅力的な花だけでも、栽培する価値は十分にあります。

栽培方法と注意点

注意することはほぼありません。一年草として栽培できますが、一番いいのは、多年草として、小さくまとめて植えることです。春、バランスのいい肥料を与え、数年おきに株わけします。こうして育てれば、びっくりするほど多くの園芸家が、自分たちの芝生で育つ雑草のような植物と同じものだとは思わないでしょう。

ヒナギクの基本情報

問題: なし。

おすすめ品種: ハーブガーデンで使えるのは通常品種です。特別な色のついたものや八重のものには、同じ魅力はあ

りません。

鑑賞ポイント：花弁の先端がほのかにピンク色で、金色の花盤を有する、おなじみの白い一輪花。非常に美しいロゼット。

場所と土：ほぼどんな場所でも大丈夫ですが、日当たりのいい場所か、非常に明るい日陰が一番です。また、水はけのいい、とても軽い土だとうまく育たないでしょう。

耐寒性：非常にあります。−20℃以下でも大丈夫。

大きさ：2、3年ほど後には15×15cmくらいまで大きくなります。

上：エディブルフラワーを散らしたスプリングサラダ。
左：ヒナギクの花。

ヒナギクの利用法

料理　花と葉はサラダに用いられます（ただし、除草剤をまいた芝生から摘んだものは、絶対に使わないでください）。

料理以外　医薬としてのちょっとした活用法がいくつかあります。特に葉は、打撲傷の外用薬をつくるのに用いられます。

Borago officinalis
ルリヂサ

ルリヂサは、庭で育つのを愛でるにせよ、冷たい飲み物に飾りとして添えるにせよ、ハーブの楽しさを存分に味あわせてくれます。しかしながらこの一年草には、イライラもさせられます。好き勝手に自然播種するため、そこから育った苗は徹底的に引き抜いていかなければならないからです。園芸家の多くが、すべてのムラサキ科の中でこの花が一番美しいといいます。あなたも、じっくり見れば見るほど、愛らしさを覚えるでしょう。どんなハーブガーデンにも欠かせない植物の1つであり、当然のことながら、何世紀にもわたって大切にされてきています。ルリヂサにまつわる伝説も、数え切れないほどあります。

栽培方法と注意点

まず最初に、栽培場所にタネをまきます。その後、毎年自然播種して育った不要な苗を、ひたすらとりのぞきます。

ルリヂサの基本情報

問題: なし。

おすすめ品種: 栽培できるのは通常品種ですが、突起がない、白い花をつける「アルバ」という変種もあります。また、斑入りの葉を持つ非常にめずらしい品種も存在します。

右：ルリヂサを入れた氷。
左：ルリヂサの花。

鑑賞ポイント：突起がある、美しいエレクトリックブルーの小さな単一花。

場所と土：日当たりのいい場所かとても明るい日陰を好みます。水はけのいい軽い土は大丈夫ですが、やせた土は問題外です。

耐寒性：非常にあります。−20℃以下でも大丈夫。

大きさ：1年ほどのうちに、60〜75×30cmくらいまで大きくなります。

ルリヂサの利用法

料理 花がサラダの彩りに用いられることがありますが、最も魅力的なのは、冷たい飲み物に添えたときでしょう。細かく仕切られた製氷皿に、花を1つずつ入れて凍らせます。その後、グラスの中で氷が溶けると、花が浮き出てくるのです。若い葉も、サラダに使われたり、ホウレンソウのように調理されます。

料理以外 ほかのハーブ同様、炎症の外用薬としての利用をはじめ、医薬としてのちょっとした活用法がいくつかあります。

Brassica spp.
マスタード類

ほとんどの園芸家にとって、アブラナ属の植物は野菜です。そして実際にアブラナ属には、キッチンガーデンに欠かせない作物が何種類も含まれています。いくつか例をあげるなら、キャベツ、カリフラワー、芽キャベツ、ケールなどです。けれどアブラナ属には、葉や花よりもタネの方に重きを置かれているものもあり、そんな植物の1種であるマスタードは、あなたのハーブガーデンに余裕があるなら、ぜひ植えてみてください。けれど、これは非常に大きな植物です。それでも、自宅でマスタードを栽培してみれば、もう二度と市販品を買う気は起こらなくなるでしょう。

栽培方法と注意点

耐寒性の一年草として栽培します。栽培場所にタネをまいたら、その後、15cm間隔に間引きます。自然播種しますが、異種交配するので、毎春、新しく購入したり、とりわけて保存しておいたタネをまくのが一番です。

マスタード類の基本情報

問題：葉を食べる虫、うどん粉病、根こぶ病。

おすすめ品種：とても簡単に異種交配する植物であり、特に野菜種の栽培品種は、野生種

との類似点がほとんどなく、アブラナ属の栽培品種の名前は、多くが議論の的となり、大きな混乱を引き起こしています。けれどマスタードの3つ種の場合は、それぞれのタネの色に由来する、ホワイト、ブラック、ブラウンというゆるぎない名前がついています。ブラックマスタードはカラシナのサラダ用に使う本来のマスタードで、ピリッとした香りを有します。

上：ブラックマスタードシード。
左：ホワイトマスタードの花。

鑑賞ポイント：夏に咲く、アブラナ属ならではの鮮やかな黄色い花。

場所と土：日当たりのいい場所か、とても明るい日陰。水はけがよくて軽く、それでいて肥沃な土。

耐寒性：非常にあります。−20℃以下でも大丈夫。

大きさ：種によってかなりちがいます。ホワイトマスタードは45〜75×25cm、ブラックとブラウンマスタードは1〜2m×75cmになります。

マスタード類の利用法

料理　タネは、マスタードソースをつくるのに用いられます。ブラックかブラウンシードを使い、細かく挽いてやや冷たい水に入れます。ホワイトシードは、ピクルスの防腐剤として用います。若い葉や花も、サラダやサンドイッチをはじめとするたくさんのおいしい料理に、辛味を添えるために使うことがあります。

料理以外　医薬としてさまざまに用いられています。特に顕著なのが足湯への利用でしょう。また、嘔吐を促す嘔吐剤としても使われます。

Calamintha grandiflora
カラミンサ

シソ科とセリ科の植物はまちがいなく、ハーブガーデンの主役の座をめぐって張りあっています。カラミンサは、すらりとななめにのびた茎や、対生葉、唇状の花を有する、典型的なシソ科の植物ですが、多年草の生垣の1種として用いられているところを非常によく目にします。通常のシソ科の花が地味な薄い紫色なのに対し、この花はとても鮮やかな濃いピンクや紫色をしている、という事実はさておき、なぜ生垣に用いられるのかははっきりしません。原産地は南欧とアジアで、その魅力は、ミントを思わせる快い香りです。長年にわたり、さまざまな医薬として用いられています。

栽培方法と注意点

春と秋に根覆いをします。秋にバランスのいい一般的な肥料を適宜与え、秋に地上部をすべて切り落としてください。

カラミンサの基本情報

問題：なし。

おすすめ品種：もっともよく目にするのは通常品種ですが、斑入りの葉の「バリエガータ」という品種もあります。

鑑賞ポイント：ほんの少ししかありません。夏にピンクか紫の花をつける、シソ科ならではのまっすぐな穂状花序。

場所と土：もともと森林植物なので、明るい日陰から半日陰の場所で。水はけがよく、適度に肥沃で、できればアルカリ性の土。

耐寒性：非常にあります。−20℃以下でも大丈夫。

大きさ：2、3年ほど後には45×30cmくらいまで大きくなります。

カラミンサの利用法

料理　なし。

料理以外　乾燥させた葉を使って、どこかペパーミントの香りがするお茶をつくります。ほかの多くのハーブ同様、消化をうながすといわれています。

左と右：カラミンサ。

Calendula officinalis
カレンデュラ

多くの人に愛される一年草カレンデュラこそ、昔ながらのカレンデュラだと往々にして見なされています。アフリカやフランスで栽培されている、貧相な花をつけた新しい品種は、このカレンデュラの足もとにもおよびません。素朴で高潔ゆえに、これ以上ない華やかなオレンジ色をひけらかしても、嫌味には見えません。あまりにも長いあいだ、園芸植物として栽培されているため、原産地ははっきりしませんが、サマーサラダのきれいな緑色に、この燃え立つように鮮やかなオレンジと琥珀の色を添えれば、これほどすばらしいコントラストはないでしょう。これは、庭にもサラダボウルにもなくてはならないものなのです。

栽培方法と注意点

春の半ば、栽培場所にタネをまき、その後12cmほどの間隔に間引きます。枯れた花は定期的に摘みとってください。自然播種ができれば一番いいのですが、すべての栽培場所でそれがうまくいくわけではないので、毎年タネをまきなおす必要があるでしょう。

カレンデュラの基本情報

問題：うどん粉病。ただし、通常は花が咲き終わってからしか見られません。

おすすめ品種：多くの極上種と混合種があります。最近は、なじみのあるきれいなオレンジはもちろん、赤や黄色といっ

たタイプもあります。純粋なオレンジの花をつける、一段と丈高い種が好みなら、「オレンジキング」を選ぶといいでしょう。

鑑賞ポイント： きれいな緑の葉を有するかたい茎につける、印象的な、八重または半八重の鮮やかなオレンジ色の花。

場所と土： 日当たりのいい場所か、非常に明るい日陰。ほとんどの土で大丈夫ですが、一番いいのは、肥沃すぎない、水はけのいい土です。

耐寒性： 非常にあります。−20℃以下でも大丈夫。

大きさ： 種によってちがいますが、より上質で歴史のある種なら、1年以内に45×30cmくらいまで大きくなります。

上：ディルとキンレンカとカレンデュラを添えたサラダ。
左：カレンデュラ。

カレンデュラの利用法

料理 花は、全体でも花びらでもサラダに用いられます。チーズを使ったレシピやスープ、オムレツをはじめとする料理にも。葉もサラダに使います。

料理以外 生の葉はもちろん、さまざまな部位が、皮膚の傷や怪我の治療剤をつくるために、昔から用いられています。

Cardamine pratensis
ハナタネツケバナ

一重や八重で咲く、やわらかな色あいの花を有する多年草で、ハーブガーデンの中では意外な感じがすることが多い、可憐な植物の1種です。理想とするのは湿った状態の土で、さまざまなチョウを引き寄せるのに役立ちます。伝説では、これは妖精にとってかけがえのない花なので、屋内に持ちこんではいけない、といわれています。

栽培方法と注意点

一度根づけばほとんど手はかかりませんが、春に、バランスのいい一般的な肥料を軽く与えるといいでしょう。

ハナタネツケバナの基本情報

問題： うどん粉病。まれに根こぶ病。

おすすめ品種： 養苗場でよく見るのが、通常の野生種と、八重咲きの「フローレプレノ」で、いずれもハーブとしての価値を有しています。

鑑賞ポイント： ごく淡いピンクの小花。基部のロゼットに見られる、切りこみの入った葉。

場所と土： 明るい日陰から半日陰。湿った、かなり滋養に富んだ土。

耐寒性： 非常にあります。−20℃以下でも大丈夫。

大きさ： 栽培状態がよければ、2年後には45〜60×15cmになります。

上：ハナタネツケバナ。
左：牧草地に咲くハナタネツケバナ。

ハナタネツケバナの利用法

料理　かなりピリッとする葉は、サラダに添えられることがあります。庭でそのまま少しかじるのもいいでしょう。

料理以外　医薬としてのちょっとした活用法がいくつもあります。特にあげるなら、咳止め薬のベースとして、また、ビタミンC源としての利用です。

Carthamus tinctorius
ベニバナ

ベニバナの英名は「偽りのサフラン」。このように「偽りの」という語がつく植物は、本物と密接な関係があるか、本物と同じように用いられます。ベニバナは後者です。「本物」であるサフランはクロッカス属の1種で、非常に高価ですが、このアジアの一年草の逸品は、有益な代用品を生み出したのです。野生種でもハーブガーデンで育てるものでも、観賞植物として人目を引き、すばらしい価値も有しています。自家製のサフランだと無理に見せかけなくても、ベニバナで何の問題もありません。

栽培方法と注意点
まずまず耐寒性がある一年草として栽培します。春、温室で苗を育てます。その後、苗が十分に大きくなってとり扱えるようになったら、外に植え替えてください。

ベニバナの基本情報
問題: うどん粉病。

おすすめ品種: さまざまな色の品種を購入できることもありますが、ハーブとして使うのであれば、通常品種を選んでください。通常品種の方が、見栄えもします。

右: ベニバナ。
次ページ: 色鮮やかなベニバナの花びら。

鑑賞ポイント：アザミを思わせる色鮮やかな花。非常に大きな、トゲ立った葉をつける茎の先で、赤みを帯びたオレンジ色の花が咲きます。

場所と土：日当たりのいい場所。かなり肥沃で、絶対に水はけのいい、軽い土。

耐寒性：あります。−15℃くらいまでなら大丈夫です。ただし、一年草として育てる場合、耐寒性はさほど重要ではありません。

大きさ：1年以内に1m×30cmくらいまで大きくなります。

ベニバナの利用法

料理　花びらは、サフランの代わりとして、食材に色をつけるために用いられます。ベニバナのタネから抽出された調理用の油が市販されています。

料理以外　タネから抽出されたものは血圧降下に、花は便秘薬のベースとして用いられるなど、医薬としての活用法がいくつかあります。

Carum carvi
キャラウェイ

キャラウェイは、今ではとても人気のあるハーブです。タネは実に多様なレシピで用いられますし、食料品店に行けば簡単に購入できます。けれどこれは、大昔からある、寒冷地では比較的扱いにくいセリ科の植物の1種です。原産地は温暖な場所だということをつねに意識する植物の1つに数えられます。この二年草の見た目は、比較的丈が低くて白い花をつける、同じ科のほかの仲間と非常によく似ています。パセリの近縁種です。

栽培方法と注意点

　まずまず耐寒性がある一年草として栽培しますが、春、栽培場所に畝をつくり、そこに15～20cm間隔でタネをまき、その後15cm間隔に間引きます。植え替える場合、主根が傷みやすいのは、セリ科のほとんどの種と同じです。1年目が終わっても、切り落とさないでください。ただしタネは、二度目の夏の終わりに熟した時点で収穫します。

左：キャラウェイの花。
右：独特な縞模様を有するキャラウェイシード。

キャラウェイの基本情報

問題： なし。

おすすめ品種： 購入できるのは通常品種のみです。

鑑賞ポイント： 最小といってもいいほどの羽根のような葉。散形花序の小花。

場所と土： 日当たりのいい場所。かなり肥沃だけれど、水はけのいい、軽い土。

耐寒性： あります。−15℃くらいまでなら大丈夫です。

大きさ： 2年以内に60×20cmくらいまで大きくなります。

キャラウェイの利用法

料理 タネはさまざまに利用されます。香りづけとして使われるのはパンやお菓子、スープ、そして特に重用されるのが、インドをはじめとするアジアの料理です。脂の多い肉や家禽の肉にも散らされます。根は野菜として茹でることもありますが、少々かたく、おいしくありません。葉はサラダに用いられることがあります。

料理以外 医薬としてのちょっとした活用法があります。主として消化促進に利用されます。パセリ同様、ニンニクを食べた後すぐにキャラウェイのタネか葉を噛めば、ニンニク臭を消すのにとても効果があります。

Cedronella canariensis

バームオブギリアド

「バルサムモミ」を意味するバームオブギリアドは、ミルラやフランキンセンス同様、聖書の中にしか登場しないと思うものの1つでしょう。けれど、ちょっとした驚きですが、これらはいずれも実在しているのです。聖書に登場するバームオブギリアドは、香りのいい低木種ですが、ここでとりあげる多年草は、数少ないほかの種の1つで、香りが多少似ていることからこの名前がつきました。とてもロマンチックな名前から、何か特別なものを連想するかもしれませんが、残念ながらその期待には応えられない存在です。むしろ、同じシソ科で無名のほかの種の方が、芳香種のコレクションに加える価値があり、あまりちやほやしない方がいいでしょう。

栽培方法と注意点

半耐寒性の一年草として栽培するのが一番です。初春の暖かい日にタネをまき、その後、コンテナで育てます。そうすれば、霜にやられる危険が去ってから、屋外に出すことができます。けれどその後は廃棄してください。多年草でも、短命だからです。

バームオブギリアドの基本情報

問題：なし。

左：バームオブギリアドのピンクの頭花。
下：バームオブギリアド。

おすすめ品種：購入できるのは通常品種のみです。

鑑賞ポイント：茎の先端に咲く、非常に数の少ないピンクがかった小花。細長く、くすんだ緑色の葉。

場所と土：日当たりのいい場所。とても肥沃だけれど、水はけのいい、軽い土。あるいは、コンテナに入れた上質な培養土。

耐寒性：「ほぼない」から「かろうじてある」までです。−5℃くらいまでなら大丈夫です。

大きさ：初めに暖かい場所で育てれば、1シーズン以内に1m×30cmくらいまで大きくなります。

バームオブギリアドの利用法

料理 なし。

料理以外 葉は、強く甘い香料の原料です。

Chamaemelum nobile
カモミール

カモミールは何世紀にもわたって、バッキンガム宮殿など、さまざまな場所で栽培されてきました。あなたがそんな洗練された庭をどうしてもつくりたいかどうかは別にして、すべてのハーブガーデンに、開花したカモミールを入れるべきなのは、厳然たる事実です。カモミールは見た目もよく、香りもよく、もしすべてのハーバリストが信じるにたる存在なら、あなたにとってもいいからです。

栽培方法と注意点

一度根づけばほとんど手がかからない多年草ですが、中心部が変色して枯れてきやすいので、3、4年ごとに株わけをするのが一番です。ポプリに使いたい場合は新鮮なうちに、そうでない場合は色があせてきたら、頭花を切りとってください。春に、バランスのいい一般的な肥料を軽く与えます。

カモミールの基本情報

問題： なし。

おすすめ品種：「ノンフラワーカモミール」（ローンカモミール）は、ハーブガーデンの品種の中でも花の咲かない変種です。対して八重咲きの品種「フローレプレノ」は可憐で、ハーブとして使う

左：八重咲きの
カモミール。
右：鎮静効果が
あるといわれる
カモミールティー。

なら、こちらを選ぶといいでしょう。

同じように用いる、見た目もよく似た「ジャーマンカモミール」は、タネから簡単に育てられる一年草です。ほかにも同じキク科には、かわいい金色の花をつける「イエローカモミール」、別名「ダイヤーズカモミール」もあります。

鑑賞ポイント：とてもやわらかい、羽根のような葉。草丈は低め。個々の茎の先端につける、ヒナギクのような小花。

場所と土：日当たりのいい場所。かなり肥沃だけれど、水はけのいい、非常に軽い土。

耐寒性：非常にあります。−20℃でも大丈夫ですが、寒い冬には茶色く変色します。

大きさ：3年で25×30㎝くらいまで大きくなります。

カモミールの利用法

料理　なし。

料理以外　花はカモミールティーに使われます。このお茶は、悪夢を防ぐことを含め、ありとあらゆることに役立つといわれています。また、髪を健康にするために用いられるのが、花のエキスです。

Chenopodium bonus-henricus

ケノポディウム・ボヌスヘンリクス

この多年草に、「よきヘンリー王」という意味の英名がついた由来、そして、ヘンリー王が敬われる理由は諸説あります。かつてこの植物は、「水銀」という英名で呼ばれていました。けれどドイツには、「犬の水銀」を意味する名前の植物があって、毒を有していることから、「悪いヘンリー」と呼ばれており、それと区別するために「よき」とつけられたのではないか、というのが共通した見解です。ケノポディウム・ボヌスヘンリクスは、何世紀にもわたって栽培されており、見た目も味もホウレンソウにかなり似ています。ハーブと野菜の両方に属する植物の1種ですが、比較的めずらしい植物で、現在はハーブと称されることが多いようです。

上：ケノポディウム・ボヌスヘンリクス。

栽培方法と注意点

春にバランスのいい肥料を与え、夏のあいだは十分な水やりを欠かさず、秋になったら、ほとんどの先端を切り落として、根覆いをします。株わけは、2年ごとに行ってください。

ケノポディウム・ボヌスヘンリクスの基本情報

問題： 葉を食べる虫。うどん粉病。真菌斑点病。

おすすめ品種： 購入できるのは通常品種のみです。

鑑賞ポイント： ホウレンソウとほぼ同じで、見た目の美しさのために栽培されることはめったにありません。

場所と土： 日当たりのいい場所かとても明るい日陰。肥料をたっぷり与えた、肥沃で、水はけのいい土。

耐寒性： 非常にあります。−20℃でも大丈夫。

大きさ： 3年ほどで、60×30㎝くらいまで大きくなります。

上：ケノポディウム・ボヌスヘンリクスの頭花。

ケノポディウム・ボヌスヘンリクスの利用法

料理 葉は、ホウレンソウのように調理し、食されます。また、若い新鮮な葉はサラダに、若い頭花はブロッコリーのように用いられます。若い枝は、アスパラガスのかわりとしてまずまず食べられるという人もいます。

料理以外 とりたてて意義のあるものはありません。

Cichorium intybus
チコリー

サラダに用いるチコリーは、ヒナギクを思わせる、独特なエレクトリックブルーの花を有する、実にすばらしい植物です。万能植物で、さまざまな種が、料理でも料理以外でも多数用いられています。欧州原産ですが、北米とオーストラリアに広く帰化しています。

栽培方法と注意点

以下のアドバイスはあくまでも、主として野菜目的以外のチコリーの栽培を意図したものです。チコリーが最もよく栽培されるのは、耐寒性の一年草としてですが、観賞用としてしか利用しないのであれば、多年草としてのみ育てるべきでしょう。春に、栽培場所にタネをまきます。できれば、生育期間中は極力長く覆いをして保護してあげてください。その後、十分に大きくなってきたら根覆いをし、バランスのいい一般的な肥料を与えます。そして秋になり、地上部が枯れたら、根を引き抜きます。これは、促成栽培のためでも、ローストするためでも同じです。

左：チコリー。
右：チコリーの根。

チコリーの基本情報

問題： べと病。葉を食べる虫。菌核病。

おすすめ品種： 目的に応じて適切な種を選ぶことが大事です。鑑賞を主にしたいなら、通常品種を選びます。ただし、バリエーションが欲しいなら、白やピンクの花をつける品種「アルブム」や「ロゼウム」も購入できます。コーヒーの代用品を栽培したい場合は、「ウィットルーフ」か通常品種で十分でしょう。手に入るなら、特別品種「ブランズウィック」もあります。より苦味がある、レタスのような野菜「ラディッキオ」も、チコリーの1種です。

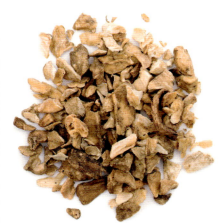

鑑賞ポイント： 成熟したものは、かなりひょろ長い、弱々しい見た目ですが、それをおぎなってあまりあるのが、見事な青い花です。

場所と土： 日当たりのいい場所。十分に肥沃で、水はけのいい土。できればアルカリ性。

耐寒性： あります。−15℃くらいまでなら大丈夫です。

大きさ： 早い時期にタネから育てた後、晩秋までに1.2〜1.5m×45cmに成長します。

チコリーの利用法

料理 花はサラダに用いられます。根は野菜として、あるいは、乾燥後にローストしたり挽いたりして、コーヒーの代用品として利用されます。根は、秋に掘り出したら、円柱状の暗い場所で堆肥の中に埋めて軟白栽培し、シコンをつくることもあります。これは、軟白葉で、少し苦味はあるものの、非常においしいウィンターサラダとして使われます。

料理以外 葉と根から、ちょっとした医薬製剤が多数つくられます。根は緩下効果を有します。

Claytonia perfoliata
冬スベリヒユ

「鉱夫のレタス」を意味する英名からは、あまりいいものという印象は受けませんが、ウィンターサラダに使う植物としては、冬に売られている大半のレタスよりもずっとおいしいことは、周知の事実です。欠点は小さいこと。したがって、お皿いっぱいのサラダを用意しようと思ったら、たくさん栽培しなければなりません。レタスの近縁種ではなく、もちろんホウレンソウともちがいます。観賞用の高山植物や、同じような夏の植物である夏スベリヒユ（p.210を参照）を含むレウィシア属の科に属する植物です。いまだにヌマハコベという旧名で掲載してあるタネのカタログもあります。

栽培方法と注意点

耐寒性の一年草として栽培します。春から晩夏にかけて、栽培場所に逐次タネをまきます。シーズンのはじまりと冬のあいだはずっと、覆いをしておいてください。タネはおよそ20㎝間隔で畝にまき、その後、15㎝間隔になるよう間引きます。「カット・アンド・カム・アゲイン」の原則にのっとって、葉を摘んでください。これは冬スベリヒユにとって必要なことで、これによってさらに成長し、さらに収穫できるようになるのです。

右：冬スベリヒユ。

右: 調理用にきれいに洗った冬スベリヒユの葉。

冬スベリヒユの基本情報

問題: なし。

おすすめ品種: 購入できるのは通常品種のみです。

鑑賞ポイント: 雑草のような姿で、あまり見栄えはよくありません。多くの園芸家も、おそらくそう思っているでしょう。小さくて丸い、淡い緑の葉。夏になると、かなりのびる茎の先端に見られる白い小花。

場所と土: 日当たりのいい場所。かなり肥沃だけれど、水はけの非常にいい、軽い土。

耐寒性: 非常にあります。-20℃でも大丈夫ですが、厳冬だとダメージを受けるかもしれません。

大きさ: 25〜30×20cmくらいまで大きくなります。

冬スベリヒユの利用法

料理 葉はサラダに、それも特に冬場に使われます。ホウレンソウのように調理して供されることもあります。

料理以外 なし。

Coriandrum sativum
コリアンダー

コリアンダーも、アジア料理への関心の高まりから、近年、知名度と人気が急上昇したハーブです。これもまた、白い花をつけるセリ科の植物で、ほかの多くの種と同様、強い香りを有しますが、やや不快な香りだと感じる人もいます。コリアンダーが、ギリシャ語で「ナンキンムシ」を意味する言葉に由来する名前だといえば、納得がいくかもしれません。

栽培方法と注意点

耐寒性の一年草として栽培します。春、栽培場所にタネをまき、夏、再度タネをまいて、覆いの下で越冬させてください。畝に20cm間隔でタネをまき、その後、15〜20cm間隔に間引きます。葉は若く新鮮なうちに摘み、タネも、秋になって自然に落ちてしまう前に収穫します。

コリアンダーの基本情報

問題：なし。

おすすめ品種：購入できるのは通常品種のみです。

鑑賞ポイント：園芸家にとっては、非常におもしろみのない植物です。けれど、美しい、羽根のような上側の葉と、それよりも大きく、よりパセリに似た下側の葉とのコントラストは、目を楽しませてくれます。

場所と土：日当たりのいい場所。まずまず肥沃で、水はけのいい、軽い土。

耐寒性：かろうじてあります。－5℃くらいまでなら大丈夫ですが、厳冬だとダメージを受けるかもしれません。

大きさ：30～50×25～30cmまで大きくなります。

コリアンダーの利用法

料理　タネは、カレー、アジア料理、スープ、ソース、ピクルス、チャツネ、お菓子やパンに用いられます。葉も、スープやカレーをはじめとする料理に使われます。茎と根は、調理されて、料理に加えられたり、野菜として単体で供されたりします。

料理以外　医薬としてのちょっとした活用法がいくつかあります。独特な強い香りを有していることから、おいしくない薬の味をごまかすためだけに用いられることもあります。

左：目と舌をともに満足させるコリアンダーの葉。
上：コリアンダーシード。

Dianthus spp.
ナデシコ属

花を食べるという考えにはどうしてもなじめない、という園芸家もいます。とはいえ、その見た目の美しさと食材としての魅力は、徐々にですが、広く認められるようになってきました。この認識も、依然としてブートニアに使われるナデシコ属にはさほど広まってはいませんが、ナデシコ属も、さまざまな種の花びらが、多くの料理に趣を添えています。ちなみに、古代ギリシャ・ローマ時代には、天国や神様の花とみなされていました。

栽培方法と注意点

　短命な多年草として栽培します。春に、バランスのいい一般的な肥料を軽く与えますが、根覆いはしないでください。茎基部を腐らせてしまうことがよくあるからです。枯れた頭花は摘みとります。晩夏に枝を切り、冷床の水はけのいい培養土に挿します。3年ほどたち、全体にまとまりがなくなってきたら、処分してください。

右：ナデシコ。
次ページ：どんなテーブルや皿、花びんに配しても、華やかにしてくれるナデシコ属の花。

ナデシコ属の基本情報

問題： ウイルス。斑点病。葉を食べる虫。アザミウマ。

おすすめ品種：「クローブピンク」、「ヒメナデシコ」、「ボーダーカーネーション」、「ダイアンサス・アルウッディ」を含め、屋外で育てられる耐寒性の品種ならすべて大丈夫です。

鑑賞ポイント： 多彩な色のとてもかわいい花。中でも一番魅力的なのは、フリルのような花びらを持ち、まるでレースのように見える、昔からある「クローブピンク」です。

場所と土： 日当たりのいい場所。まずまず肥沃で水はけのいい、軽い土。できればアルカリ性。

耐寒性： あります。−15℃くらいまでなら大丈夫ですが、厳冬だとダメージを受けるかもしれません。

大きさ： 種によって異なりますが、概して3年以内に30〜60×30cmになります。ただし、倒れたり、まとまりなく広がったりする習性があるので、この草丈になることは実際にはあまりありません。

ナデシコ属の利用法

料理 色鮮やかな花びらは、香りや味に応じて、サラダ、デザート、オムレツ、肉料理をはじめとするさまざまな料理に使われます。また、酢や砂糖の香りづけに用いたり、甘い味つけの料理といっしょに出すシロップの香りづけに利用されることもあります。

料理以外 医薬としてのちょっとした活用法が2、3あります。

Dictamnus albus
ハクセン

「バーニングブッシュ」の1種ですが、聖書でいうところの「バーニングブッシュ」つまり「燃えているのに燃え尽きないシバ」ではありません。これは、揮発性の可燃物質を生成する植物を指す言葉で、非常に暑い気候では、自然に発火することもある植物です。ハクセンはブッシュ（低木）ではなく多年草で、一見、丈の低いデルフィニウムのように見えますが、ヘンルーダ（p.224を参照）の近縁種です。最近は、生垣に植える鑑賞用の多年草として栽培されることが多いですが、ハーブとしての非常に長く多様な歴史も有しています。

栽培方法と注意点

　秋と春に根覆いをし、春にバランスのいい一般的な肥料を与え、秋に枯れた花穂を切り落とします。3、4年ごとの秋に、株わけをしてください。タネからも増やせますが、すべての色でうまくいくわけではなく、花が咲くまでにかなりの時間を要するので、株わけで増やした方がいいでしょう。

左： ハクセン。
右： ハクセンの葉からつくった茶剤。

ハクセンの基本情報

問題：なし。

おすすめ品種：広く購入できるのは通常品種と、ピンクや、赤い筋の入った花をつける種の「ヨウシュハクセン」です。

鑑賞ポイント：非常に快い香り。鮮やかな緑の楕円形の複葉。「ハク」センという名前にもかかわらず、白はもとより、赤やピンク、紫の花をつける花穂。

場所と土：日当たりのいい場所。あるいは、明るいか、まずまずの日陰。ほとんどの土でしっかりと繁殖しますが、重く、湿った土は避けてください。

耐寒性：非常にあります。−20℃でも大丈夫。

大きさ：ほぼ3年以内に50〜75×30cmまで大きくなります。

ハクセンの利用法

料理 葉は、香りのいいお茶をいれるために使われます。

料理以外 医薬として多数用いられています。主な利用法は、けいれんやリウマチ、腎臓結石などの痛み止めです。

Echium vulgare
シベナガムラサキ

ムラサキ科は、植物の科の中でも最も変わっています。ワスレナグサから、カナリア諸島やアフリカなどで生育する、ほぼ木と同じ高さになるシャゼンムラサキ属まで多岐にわたり、そのあいだには、かたい葉を有する非常に多くの種もあります。シベナガムラサキはシャゼンムラサキ属の二年草で、ほぼ欧州全域に自生し、北米でもよく見られますが、木のように大きくはなりません。英名には「毒ヘビ」を意味する語が用いられていますが、理由ははっきりしません。ハーブとしての価値を見出されたり、価値があるといわれている、非常によく似た植物が多数あります。

栽培方法と注意点

　夏に、栽培場所にタネをまきます。秋、支柱を立てたり切り落としたりはしないでください。春、バランスのいい一般的な肥料を軽く与えますが、根覆いはしません。自然播種させるのが一番です。

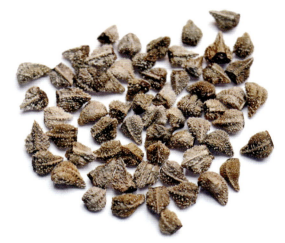

右：シベナガムラサキの種。
左：シベナガムラサキ。

シベナガムラサキの基本情報

問題：なし。

おすすめ品種：購入できるのは通常品種のみです。

鑑賞ポイント：かなりまばらに枝わかれする穂につく、そこそこ魅力的なピンクと青の花。細長い楕円形のかたい葉。

場所と土：日当たりのいい場所。水はけのいい、軽い土。できればアルカリ性。

耐寒性：非常にあります。−20℃でも大丈夫。

大きさ：二度目の夏を迎えるまでに、75〜90×30cmまで大きくなります。

シベナガムラサキの利用法

料理　花はサラダに用いられます。

料理以外　葉のエキスには、鎮痛、解熱を含め、医薬としてのちょっとした活用法がいくつかあります。また、タネのエキスは、元気をもたらすらしいといわれています。

Equisetum arvense
スギナ

この植物の掲載にかんしては、これ以上ないためらいがあります。ほかの多くの状況では、最も根絶しがたい雑草とみなされているからです。本気で、すべてを網羅したハーブガーデンをつくりたいなら、スギナを植えることを考えるべきですが、その際は、慎重の上にも慎重を期してください。ただ、何もないかぎり、何百万年もほぼ変わることのない姿で存在し続けてきた胞子植物には、つねに特別な魅力があります。

栽培方法と注意点
　手をかける必要はありません。ただし、この多年草をあえて植える場合、セイヨウワサビの項で述べたような、レンガなどを並べて深く埋めた窪地にしてください（p.68を参照）。

スギナの基本情報
問題：なし。

おすすめ品種：購入できるのは通常品種のみです。

鑑賞ポイント：クリスマスツリーを思わせる全体像には、不思議と引かれます。胞子を有する茎はアスパラガスのようで、魅力的です。

上：スギナの葉。
左：スギナの胞子を有する茎。

場所と土：日当たりのいい場所から明るい日陰。ほぼどこでも栽培できますが、最もよく育ち、すさまじい勢いで繁殖するのは、水はけのいい、軽い土です。

耐寒性：非常にあります。-20℃でも大丈夫。

大きさ：2年以内に45〜60×30㎝まで大きくなりますが、根茎を広範に張りめぐらせて、あっというまに繁殖します。

スギナの利用法

料理 茎を用いて、かなり独特な味のお茶をいれられます。それ以外はありません。

料理以外 外傷治療用の湿布をつくるために用いられます。

Eruca vesicaria
ルッコラ

ルッコラは多くのメニューでよく目にします。数多のキッチンでなじみのある食材です。実際、わたしたちが気前よくお金を払っているこれは、長いあいだ空き地の雑草だったものなのです。雑草となったのは単に、それまで何世紀にもわたって、価値のあるハーブとして栽培されてきた別荘の庭から外へ出てきたからにすぎません。今では実に広範な地で生育しているため、本当の地理的起源ははっきりしません。見た目にはこれといった特徴もないアブラナ科の植物ですが、わずかに辛味がある、すばらしい風味を有しています。

栽培方法と注意点

この一年草は、初春から夏の半ばにかけて、栽培場所に逐次タネをまいていくのが一番です。最初のタネは覆いの下にまきます。秋も、冬に備えて覆いをしてください。タネは12cm間隔で畝にまき、その後、30cm間隔に間引きます。できるだけとうが立たないようにするため、特に乾燥した時期には十分な水やりを欠かさないでください。

ルッコラの基本情報

問題： ノミハムシ。うどん粉病。根こぶ病。

左： キッチンガーデンのルッコラ。
右： きれいに洗った、新鮮なベビールッコラ。

おすすめ品種：広く購入できるのは通常品種ですが、「エルーカサティバ」という別名をつけられた栽培品種もときにあります。

鑑賞ポイント：まずありません。結実期の小さなキャベツか、栄養不良のアブラナにかなり似ています。

場所と土：日当たりのいい場所か明るい日陰。十分に肥料を与えた肥沃な土。上質な野菜用の土ならなんでも適していますが、できれば弱アルカリ性で。

耐寒性：非常にあります。−20℃でも大丈夫。

大きさ：開花時が最も高く、60〜90×30㎝になりますが、ここまで大きくなる前に摘むのが一番です。

ルッコラの利用法

料理　葉は、ほかの味気ないサラダに辛味を付加するために用いられます。ホウレンソウのように調理されることあります。白い花も食用ですが、これといった特徴はありません。

料理以外　タネはかつて咳止めのベースとして広範に用いられており、当時は非常に珍重されましたが、現在医薬としての活用法はほぼありません。

Eryngium maritimum

エリンギウム・マリティマム

生垣に植える観賞用の植物としてのエリンギウム属（全部で230種あります）の価値は、今はほとんどの園芸家が認めています。けれど、それを食べるよう説得するのは、また別の問題です。食べる価値があるのは、このエリンギウム・マリティマムだけですが、きちんとした状態でいただかなければ、おいしくありません。この多年草は、あなたのキッチンガーデンで栽培しているほかのどんな植物ともまったく似ていませんが、実に意外なことに、セリ科の植物なのです。

栽培方法と注意点

春と秋に根覆いをし、春、バランスのいい一般的な肥料をごく軽く与えます。枯れた頭花はそのままにして越冬し、春になったら切り落としてください。春、株わけかタネをまいて増やします。タネの場

合は、初春にまいて覆いをし、その後、二年草として育ててください。

エリンギウム・マリティマムの基本情報

問題： なし。

おすすめ品種： 購入できるのは通常品種のみです。

鑑賞ポイント： 非常にめずらしい、淡いブルーがかった緑色で、ヒイラギのように先端のとがった葉。散形花序の青みを帯びた小花。

場所と土： 日当たりのいい場所。水はけがよく、比較的やせた軽い土。自然の生息地が砂丘であることを忘れずに。

耐寒性：「ある」から「非常にある」です。−15℃でも大丈夫ですが、冬の冷たい疾風にダメージを受けがちです。

大きさ： 3、4年以内に60〜75×30〜45cmになります。

エリンギウム・マリティマムの利用法

料理 若いつぼみがついていて、葉をとった茎は、アスパラガスのように茹でたり蒸したりします。若い葉も、同じように調理されることがあります。

料理以外 医薬としての活用法がいくつかあります。主に用いられるのは、治癒と鎮静効果を有する根のエキスです。

左：エリンギウム・マリティマム。
右：エリンギウム・マリティマムの青い茎と葉は、クレタ島の変種に特有のものです。
より一般的な緑の葉の種とともに、
しっかりと育っているようです。

Eupatorium purpureum
スイートジョーパイ

北米原産で、ジョーパイウィードやグラベルルート——これは「砂利根」という意味で、おそらく膀胱結石の治療薬としての価値に言及したものでしょう——ともいわれるこの植物は、観賞用の生垣やハーブガーデンに加えると、非常に目立ちます。多年草で、チョウと、それ以外の野生生物を引きつけるという、2つの役割を有しています。

栽培方法と注意点

春と秋に根覆いをし、春、バランスのいい一般的な肥料を与えます。秋に、枯れた先端を切り戻してください。風が強い地域では、支柱を立てる必要があるかもしれません。春か秋に、株わけをして増やします。

右：スイートジョーパイ。
次ページ：スイートジョーパイの乾燥させた根。

スイートジョーパイの基本情報

問題：なし。

おすすめ品種：観賞用としてならば、特別な色の品種がいくつかありますが、ハーブガーデンに植えるのであれば、通常品種が一番いいでしょう。

鑑賞ポイント：まっすぐに長くのびる茎。魅力的な、細長い鮮やかな緑の葉。羽根のように繊細で、濃い赤みをおびた、ヒナギクを思わせる小さな頭花が集まった花序。

場所と土：日当たりのいい場所から、まずまずの日陰。かなり肥沃で、湿った、できればアルカリ性の土。

耐寒性：非常にあります。−20℃でも大丈夫。

大きさ：3、4年以内に2.5〜3×1mまで大きくなります。

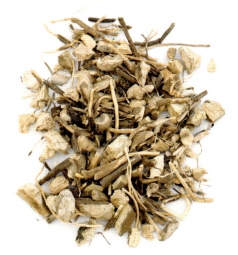

スイートジョーパイの利用法

料理　なし。

料理以外　膀胱結石の治療をするために根から抽出するエキスを含め、医薬としての活用法がいくつかあります。

Euphrasia officinalis
アイブライト

この植物を育てるのは大変です。けれど、庭に寄生する植物を育てるようすすめられることはめったにないでしょう。正確にいうと、アイブライトは半寄生植物です。光合成をするための一般的な緑の葉を有しながら、部分的にほかの植物の根に寄生しているからです。そして、この習性のために、アイブライトの栽培は大変なのです。とはいえ、きちんと育てられるなら、とてもかわいい一年草です。また、かつては田園地方で薬として広く用いられていました。それで、「目がよくなる」との意味のアイブライトという名前がついているのです。

栽培方法と注意点

アイブライトを根づかせる方法は2つあり、一度根づけば、自然播種します。1つめは、自分の牧草地で植物を栽培している酪農家を探し、その草地の一角をあなたの庭に移させてほしいと頼むことです。もう1つは、タネを買うこと。アイブライトだけでも、アイブライトが確実に混ざっている、草地で育ついろいろな野草のタネでもかまいません。それを、粘土や岩、雑草をきれいにとりのぞいた、かなりやせた土にまきます。

左：アイブライト。
右：アイブライトの有花茎。

アイブライトの基本情報

問題: なし。

おすすめ品種: 購入できるのは通常品種のみです。

鑑賞ポイント: ほかの植物にからまって広がる、かなりの毛に覆われた茎と、その先につく、白とピンクがかったとてもかわいい小花。

場所と土: 日当たりのいい場所。水はけのいい、アルカリ性の軽い土。

耐寒性: 非常にあります。-20℃でも大丈夫。

大きさ: 1年以内に 20 × 10 ㎝くらいまで大きくなりますが、すべてがからまりあって成長するので、個々の植物を見わけるのは難しいでしょう。

アイブライトの利用法

料理 なし。

料理以外 咽頭痛や花粉症などのアレルギーに対する医薬として重宝されていました。また、目の治療にも使われていましたが、この薬剤を目に用いる場合は、かならず有資格者のアドバイスにしたがってください。

Filipendula ulmaria
メドウスイート

メドウスイートは、夏の日々を最も思い起こさせる植物の1種です。これを見ていると、虫たちの羽音や、冠水牧草地の上にかすかに見えるかげろうが蘇ってきます。薬効は大昔に発見されました。いつでも人々が目を留めてきたに

ちがいありません。にもかかわらず、これがバラ科の植物ときくとびっくりしてしまいます。それが一番はっきりわかるのは、葉かもしれません。同じバラ科で、たくさんの種を有するキジムシロ属のそれによく似ています。

栽培方法と注意点

　春と秋に根覆いをし、春、バランスのいい一般的な肥料を与えます。秋に先端を切り落としてください。3、4年ごとの秋に株わけをします。株わけか、春、冷床の腐植を豊かに含んだ培養土にタネをまいて増やします。

左：メドウスイート。
右：メドウスイートの乾燥させた花と生の花。

メドウスイートの基本情報

問題：なし。

おすすめ品種：ハーブガーデンに植えるのであれば、通常品種を選んでください。生垣として用いるなら、色づいた葉や八重の品種の方が適しているでしょう。

鑑賞ポイント：まっすぐにのびる茎の先端につく、羽根のようなクリーム色の小花。とてもいい香りがします（だからメドウ「スイート」という名前がついたのです）。

場所と土：日当たりのいい場所から、明るいか、まずまずの日陰。湿っていて、とても肥沃で、できればアルカリ性の土。

耐寒性：非常にあります。−20℃でも大丈夫。

大きさ：3、4年以内に、1m×45cmほどになります。

メドウスイートの利用法

料理 花は、ワインや自家製のビール、さまざまなデザートやお菓子の香りづけに用いられます。

料理以外 鎮痛効果を有することは、昔から知られています。最終的につぼみから分離されたのがアスピリンです。最も人気のある、ストローイングハーブの1種でもあり、絨毯を敷くようになるまでは、床にまくハーブとして用いられていました。

Foeniculum vulgare

フェンネル

フェンネルは、ハーブとしての価値はもとより、その見た目からも、絶対に欠かせないハーブの1種です。香りが非常に強いため、料理に使うのは少量で十分ですが、それから考えたら、あまりの大きさにびっくりするでしょう。ありふれた白い花しかつけないセリ科の植物の中でもプラスに変化したのが、美しい黄色の頭花です。またその葉は、すべてのセリ科の中でも1、2を争うほどのかわいらしさです。

栽培方法と注意点

春と秋に根覆いをし、春、バランスのいい一般的な肥料を与えます。晩秋に先端を切り落とし、3、4年ごとの秋に株わけをしてください。株わけか、春、冷床の培養土にタネをまいて増やします。多年草のフェンネルは、簡単に自然播種するので、フェンネルを植えるのを嫌がる園芸家は多いのですが、手強い主根が根づきはじめる前に苗を急いで抜いてしまえば、まったく問題はありません。

右：フェンネル。
次ページ：フェンネルシード。

フェンネルの基本情報

問題：なし。

おすすめ品種：野菜としていただくフェンネルや、大きな茎基部を有する「フィノッキオ」は、別種であることをつねに頭に置いてください。ハーブとして用いるのであれば、通常品種か、昨今「プルプレウム」という種名で呼ばれることが多い、変種のブロンズフェンネルを選びましょう。

鑑賞ポイント：鮮やかな明るい緑色か、深いブロンズ色の美しい羽根のような葉。まっすぐにのびた茎の先端に咲く、豊かな黄色の頭花。

場所と土：日当たりのいい場所か明るい日陰。かなり肥沃で、水はけのいい壌土。

耐寒性：非常にあります。−20℃でも大丈夫。

大きさ：3、4年以内に1.5〜2m×60cmくらいまで大きくなります。

フェンネルの利用法

料理　タネと刻んだ葉は、魚料理やサラダ、ソース、スープにアニスの香りを付加するのに使われます。アニスの香りを有するセリ科の植物の中でも最も栽培しやすいので、ほかの植物のかわりに用いられることもあります。

料理以外　便秘の治療に用いられるタネの抽出液をはじめ、医薬としてのちょっとした活用法がさまざまあります。

Fragaria vesca
ワイルドストロベリー

自分のハーブガーデンで、なにかしら特別な植物を栽培する場合、ありとあらゆる理由があると思いますが、おそらくワイルドストロベリーは、そのいずれにも当てはまらないでしょう。なんといっても、これはフルーツですし、在来品種を単に小さくしただけの、雑草のようなものだと思われるかもしれないからです。けれど実際には、とても魅力的な植物で、いくつかの栽培品種の祖先と関係があり、その小さな果実は、そんな栽培品種のほぼすべてをしのぐ香りを有し、その葉にも薬効があるのです。

栽培方法と注意点

　この多年草は、タネからも育てられますが、苗を入手するのが一番でしょう。苗床に植える場合は、苗と苗のあいだを30㎝あけてください。けれどハーブガーデンの生垣に植える方がよりふさわしく、はるかに人目も引きます。春と秋に軽く根覆いをし、春にバランスのいい肥料を軽く与えます。夏の終わりに実を結び終えたら、花冠の上にかかっている葉を数センチ剪定してください。実をつける植物には、鳥害を防ぐためにネットをかけなければいけないかもしれませんが、鳥もえてして、大きい実をつける品種の方により引かれるものです。

左：ワイルドストロベリー。

右：ボウルいっぱいのワイルドストロベリーは、夏の風物詩です。

ワイルドストロベリーの基本情報

問題： ナメクジ。うどん粉病。

おすすめ品種： 選択するのは通常品種のみです。栽培品種の中で最も似ている品種は、「バロン・ソレマシャー」のような、いわゆる「アルパインストロベリー」といわれるタイプです。

鑑賞ポイント： 春に咲く、白と黄色の小花と、そのあとに実る小さな赤い実。よく知られている、独特な三小葉の鮮やかな緑の葉。

場所と土： 明るい日陰が一番。水はけのいい軽い土で、できればアルカリ性。

耐寒性： 非常にあります。−20℃でも大丈夫。

大きさ： 25×25cmくらいまで大きくなり、ランナーによって広がります。よりコンパクトに育てたい場合は、ランナーを切るといいでしょう。

ワイルドストロベリーの利用法

料理 果実は栽培イチゴとして使われますが、葉も、肉を調理する際の香りづけや、ハーブティーの原料として用いられます。

料理以外 リーフティーが、腸と泌尿器系の疾患に用いられます。

Galega officinalis
ゴーツルー

これもまた、理解しがたい名前を持つ種の1つです。英名は「ヤギのヘンルーダ」という意味ですが、そもそもこれはマメ科の植物で、ミカン科のヘンルーダとは関係がありません。また、ヤギとの関係もはっきりせず、あるとすれば、かつて乳を凝固させてチーズをつくる際に、この植物のエキスを使ったというつながりだけでしょう。あるいは単に、その独特なにおいゆえだったのかもしれません。多くのハーブガーデンにはおさまらない、大きな植物です。おそらく、生垣として栽培していく方がいい種の好例でしょう。大きさにびっくりさえしなければ、このハーブもとてもかわいく見えるはずです。

栽培方法と注意点
　秋と春に根覆いをし、春、バランスのいい一般的な肥料を与えます。秋になったら、先端を切り落としてください。株わけか、春、冷床の培養土にタネをまいて増やします。

ゴーツルーの基本情報
問題：猛暑の場合は、おそらくうどん粉病です。

右:ゴーツルーティー。
左:ゴーツルー。

おすすめ品種:白い花をつける「アルバ」という品種も購入できますが、選択するのは通常品種のみです。

鑑賞ポイント:藤色の、マメのような花の頂生の房。たくさんの切りこみが入った、典型的なマメを思わせる葉。

場所と土:日当たりのいい場所。とても肥沃で、できれば湿ったオーガニックの土。

耐寒性:非常にあります。−20℃でも大丈夫。

大きさ:3年後には1m×60cmくらいまで大きくなります。

ゴーツルーの利用法

料理 新鮮な茎からしぼるエキスで、乳を凝固させます。

料理以外 乾燥させた花のエキスは、母乳の代わりに用いられていたようです。タネのエキスも、糖尿病の治療に用いられています。ただしこうした用法は、医師の指示なしにはけっして行わないでください。

Galium spp.
ヤエムグラ属

ヤエムグラは愛らしい属で、少々厄介な一年草の雑草シラホシムグラも含みますが、属しているのは概して、小さくかわいいものの、あまりぱっとしない、無害な植物です。ハーブガーデンに加える価値が大いにあるのは2種。「クルマバソウ」と「セイヨウカワラマツバ」です。いずれも、この属の特徴である小さな葉の輪生が見られます。また、最小の小花が大量に咲く様は、繊細で羽根のようです。クルマバソウは、英名「スイートウッドラフ」の名のとおり、甘い香りを有し、何世紀も前には珍重され、ストローイングハーブやハーブピローとして広く用いられました。

上：クルマバソウ。
右：グラスに入ったヤエムグラ茶。

栽培方法と注意点

秋と春に軽く根覆いをし、春、バランスのいい一般的な肥料を与えます。秋には先端を切り落としてください。ヤエムグラ属の多年草は、株わけするか、晩夏に新鮮なタネを培養土にまき、そのまま屋外で越冬させて増やします。

ヤエムグラ属の基本情報

問題：なし。

おすすめ品種：購入できるのは2種の通常品種「クルマバソウ」と「セイヨウカワラマツバ」のみです。

鑑賞ポイント：輪生が見られる小さなかわいい葉。先端にかたまって咲く、白または黄色の小花。

場所と土：日当たりのいい場所。非常に肥沃で湿っているけれど、とても水はけのいい土。

耐寒性：非常にあります。−20℃でも大丈夫。

大きさ：「クルマバソウ」は、2、3年後には30～45×25cmくらいまで大きくなります。「セイヨウカワラマツバ」はもっと横に広がる種ですが、「クルマバソウ」の倍の高さまで達することもあります。

ヤエムグラ属の利用法

クルマバソウ

料理 乾燥させた葉でつくる清涼飲料水は昔から有名です。ドイツでは、「5月のパンチボウル」として知られています。普通は、甘口のドイツワインかアルザスワインに乾燥させた葉と砂糖、レモン果汁、少量のブランデーを加えてつくります。

料理以外 医薬としてのちょっとした活用法がいくつかあります。

セイヨウカワラマツバ

料理 葉は、乳を凝固させてチーズをつくるために、花はそのチーズを黄色く着色するために用いられます。

料理以外 なし。

Genista tinctoria

ヒトツバエニシダ

英名は「染物師の緑の（雑）草」の意で、「（雑）草」というのは植物の名前としてはいささかおもしろみに欠けますが、その前の「染物師の」は、この植物の最も重要な活用法を的確に示しています。そう、この低木多年草はかつて、黄色の染料がとれる非常に貴重なものだったのです。料理としての活用法もなく、医薬としてのそれもあいまいなものが1つしかなく、染料としての利用価値もなくなってきているにもかかわらず、この一覧に掲載しているのは、これが、もう昔ほど広く知られていない植物の1種だからです。

栽培方法と注意点

秋と春に根覆いをし、初春にバランスのいいバラ用の肥料を与えます。開花後、ごく軽く刈りこみ、過密になってきた古い枝をとりのぞいてください。

ヒトツバエニシダの基本情報

問題：なし。

おすすめ品種：広く購入できるのは通常品種ですが、観賞用の特別種もあります。八重の「フローレプレノ」や「ロイヤルゴールド」

右:ヒトツバエニシダの茎と、(左から順に)葉、花、実。
左:ヒトツバエニシダ。

などです。山吹色の花が人目を引きます。いずれも、通常品種よりもほふく性があります。

鑑賞ポイント:わずかに細長い、かなりくすんだ緑色の葉。夏、マメのような黄色い花をつける穂と、そのあとになるマメのような鞘。

場所と土:日当たりのいい場所。水はけがよく、ほどほどに肥沃で、できればアルカリ性の軽い土。

耐寒性:非常にあります。-20℃でも大丈夫。

大きさ:通常品種は1.5m×75cmくらいまで大きくなりますが、特別種は、それほど大きくなりません。

ヒトツバエニシダの利用法

料理 なし。

料理以外 かつては薬として用いられましたが、今では毒性が強く、安全な使用は難しいとみなされています。

Glycyrrhiza glabra

リコリス

リコリスほど、幼少期や学校時代と密接な関係がある植物はそうありません。けれど、リコリスキャンディーをなめたり、かつては購入できた（おそらく今もできると思いますが）リコリスの生の根をかじったりした人のうち、いったいどれくらいの人が、この植物の起源を説明できたでしょう。どちらかといえば雑草のような、かなり大きいこの多年草ですが、地中海原産のマメ科の植物で、実はそこそこ魅力的なのです。

栽培方法と注意点

秋と春に根覆いをし、初春に、バランスのいい一般的な肥料を与えます。秋（温暖な地域の場合は春）、掘り返して株わけし、必要に応じて根を収穫してください。

リコリスの基本情報

問題：なし。

おすすめ品種：普通、購入できるのは通常品種のみですが、料理用の特別種もあります。

鑑賞ポイント：大きな切りこみの入った葉と、わずかに細長い、概して粘着性の若葉を有する、どちらかといえば雑草のような植物。まっすぐにのびる茎。藤色もしくは濃い紫色の花。

場所と土：日当たりのいい場所。肥沃で、できればオーガニックだけれど水はけのいい土。

耐寒性：まずまずあります。−15℃くらいまでなら大丈夫。

大きさ：3年ほどのうちに、1.5m×75cmくらいまで大きくなります。

上：リコリスの根。
左：リコリスの葉。

リコリスの利用法

料理　グリシリジンという、非常に甘い成分を有する根は、お菓子や飲料の香りづけに用いられます。

料理以外　根のエキスは、下剤の製造、また、咳や喉の疾患用の薬の調合に用いられます。

Helianthus annuus
ヒマワリ

ヒマワリほどだれにでもすぐわかり、概して広く愛されている園芸植物もそうはないでしょう。北米種で、原産地では古代から栽培されていました。今では、目覚しい成長速度と、印象的な見た目から、世界中で育てられています。ほかのどんな半耐寒性の一年草も、ヒマワリにかなうものはほぼありません。

栽培方法と注意点

　半耐寒性の一年草として栽培します。栽培場所に直接タネをまくのが一番です。その際、栽培場所にはあらかじめ十分に発酵させた肥やしや堆肥を混ぜこんでおきます。ペポカボチャやカボチャの栽培と同じです。タネは、最後の霜が降りそうな日の2週間ほど前にまいてください。見るからに堂々としたヒマワリを育てたいなら、定期的な水やりは欠かせません。また、最低でも週に1回は液体肥料を与えます。支柱も用意し、茎がのびたら、支柱も長いものにとりかえてください。

ヒマワリの基本情報

問題：害虫が葉を食べますが、ひどい害をこうむることはまずありません。うどん粉病も発生することがありますが、概して花が咲き終わってからです。

おすすめ品種：特別な品種がたくさんあり、矮小種もあります。けれど、通常

品種のかわりとして栽培するなら、大きい品種を選んでください。タネを収穫したい場合は、八重より一重咲きにします。おすすめは「ロシアンジャイアント」という品種です。

鑑賞ポイント：説明も不要なほどよく知られている印象的な姿。たくさん葉の茂った非常に高くのびた茎。その上に咲く、ヒナギクを思わせる、明るい黄色の、とても大きく独特な花。

場所と土：風をしのげる、日当たりのいい場所。肥沃で、できればオーガニックでありながら水はけのいい土。

耐寒性：ほぼありません。−5℃以上を好みます。

大きさ：どれだけまめに水と肥料をやるかによります。「ロシアンジャイアント」は5.5mにも達することがあります。タネをまくときは、横幅も1mほどになることを忘れずに場所を選んでください。

ヒマワリの利用法

料理　タネの仁は、それだけでもサラダに入れても、生でもローストしてもとてもおいしくいただけます。オイルは広く料理に使われます。タネは、発芽させてからサラダに入れることもあります。アーティチョークと同じように調理して食べることもあるのが、未開花の花です（実に奇妙なことですが、ヒマワリはキクイモの近縁種です）。

料理以外　タネとオイルは、胃や腎臓の症状緩和の製剤をつくるために用いられています。

左：まばゆいばかりに美しいヒマワリ。
上：ヒマワリのタネ。

Helichrysum italicum
カレープラント

南欧原産のこの植物は、カレーをつくるときに用いるものではありません。ただカレーのような香りがするだけです。主な目的は庭を美しく見せること。そして、見事にそれをなしとげているのが、印象的な葉と花です。ノットガーデンの生垣としてすすめられることもありますが、実際この(低木)多年草は、矮小種でさえその目的を果たすことは難しいでしょう。

栽培方法と注意点
　秋と春に根覆いをし、初春に、バランスのいい一般用もしくはバラ用の肥料を与えます。春、軽く剪定をして、冬に傷ついた枝をとりのぞき、きれいな形を維持してください。夏、冷床の砂の入った培養土に、やや成熟した切り枝を挿して増やします。

左：カレープラント。

右：いい香りを放つ
カレープラントの若枝。

カレープラントの基本情報

問題：なし。

おすすめ品種：広く購入できるのは通常品種です。矮小種には、一般に認識されている名前はないようです。

鑑賞ポイント：銀のように輝く、針を思わせる葉。ボタン状の小さな黄色い頭花。

場所と土：日当たりのいい場所。水はけのいい、まずまず肥沃な軽い土。

耐寒性：まずまずあります。−10℃くらいまでなら大丈夫です。寒い冬は、根を残して枯れます。

大きさ：2、3年で45〜55×30cmくらいまで大きくなります。

カレープラントの利用法

料理　若枝は、料理にマイルドなカレーの香りを添えますが、さほど強くないので、本物のかわりにはなりません。

料理以外　なし。

Hesperis matronalis
ハナダイコン

「甘いロケット」を意味する英名は、ハーブとして栽培される場合にのみ用いられるようです。野草を扱う園芸家や鑑賞者は、「高貴な婦人のスミレ」という意の英名の方がなじみがあるでしょう。キャベツが属するアブラナ科の仲間であることは明確です。なので、花は黄色であるべきかに思われますが、実際は薄紫色です。何世紀にもわたって栽培されてきています。ハーブとしての価値のためでもあり、花のためでもあります。花は夕方、最もいい香りを放ちます。

栽培方法と注意点

二年草として栽培するのが一番です。初夏、培養土を入れた鉢にタネをまき、初秋に植え替えれば、翌年花が咲きます。その後は自然播種し、開花後に根元から新たな芽が出てきて、半多年草となります。

右：ハナダイコン「アルバ」。
左：ハナダイコン。

ハナダイコンの基本情報

問題： うどん粉病。イモムシ。ノミハムシ。

おすすめ品種： 広く購入できるのは通常品種で、ハーブガーデンで栽培するならこれが一番です。ただし、白い花をつけるものと、八重咲きの品種もあります。

鑑賞ポイント： アブラナ科ならではの控えめな花。色は薄紫または白。細い茎。あまりアブラナ科らしくない、剣のような形の葉。

場所と土： 日当たりのいい場所か、とても明るい日陰。かなり肥沃で、できればオーガニックの湿った土。

耐寒性： 非常にあります。−20℃でも大丈夫。

大きさ： 2年目までに75cm〜1m×30cmになります。

ハナダイコンの利用法

料理 葉と花がサラダに使われることがあります。ただし、特に葉は注意して用いてください。ごく若いとき以外、非常に強い香りを有しているからです。

料理以外 医薬としてのちょっとした活用法がありますが、大半はもう用いられていません。ただ、かつては壊血病の治療に使われていました。

Humulus lupulus
ホップ

商業農園では有名ですが、伝統的なホップの収穫、剪定作業では、ホップ菜園のまん中で、高さ4mもの竹馬に乗って、バランスをとれなければなりません。要するに、多年草ながら、十分に熟したホップはとても手強く、注意して植えなければならないつる性植物だということです。

栽培方法と注意点

　壁よりも、ついたてか独立した支えにはわせて育てるのが一番です。秋と春に根覆いをし、春にバランスのいい一般的な肥料を与えます。剪定は不要ですが、晩秋、地面の上から30㎝くらいのところで先端を、春には地上部すべてをきれいに刈りこんでください。晩夏、やや成熟した切り枝を、加温した育苗器の砂とピートの混合物に挿して増やします。

ホップの基本情報

問題：なし。

おすすめ品種：ハーブとしての効能にちがいはないでしょう。栽培に最適なのは、山吹色の葉を有する品種「アウレウス」です。ただし、この品種か通常品種、どちらを選ぶにせよ大事なのは、雌

性植物と明記されたものを購入することです。そうすればかならず、魅力的な円錐状の雌花を入手できます。

鑑賞ポイント： 粗いノコギリ歯状の、ブドウの葉によく似た大きな葉。意外とかわいい、円錐状の雌花。

場所と土： 寒風をしのげる、日当たりのいい場所。肥沃で、保水力のある壌土。

大きさ： いったん根づけば、生育期間中に7×2mに達します。

上：「ビール」（ホップを使った醸造酒）はドイツ原産と考えられています。
左： ホップ。

ホップの利用法

料理 ビールの風味づけに用いられるのは、乾燥させた雌花の毬花ですが、若葉や茎も、湯がいてから、野菜として食べたり、スープに入れたりすることがあります。

料理以外 花には、非常に穏やかな鎮静効果があることから、お茶のようにいただく煎じ液をつくるのみならず、乾燥させてハーブピローに入れたりといった活用法もあります。

Hydrastis canadensis
ヒドラスチス

この北米の多年草は、キンポウゲ科に属する、あまり知られていない種の1つですが、キンポウゲのような、きれいで明るい黄色の花を想像していたらがっかりするでしょう。とはいえ、興味深い姿をした植物です。緑がかった白い小花に花弁はなく、かわりにあるのが花弁状の萼片です。重要な医薬として用いられた過去があることから、包括的なハーブコレクションにはかならず加えられるべきです。

栽培方法と注意点
秋と春に根覆いをし、初春にバランスのいい一般的な肥料を与えます。晩秋、地上部をすべて刈りこんでください。秋に株わけをするか、春、冷床の培養土にタネをまいて増やします。

ヒドラスチスの基本情報

問題：なし。

おすすめ品種：購入できるのは通常品種のみです。

鑑賞ポイント：非常にかぎられています。晩夏に咲く、花びらのない小花。食用ではない、深い赤色の小さな実。毛に覆われた茎。かなり目の粗い切れ葉。

場所と土：一番いいのは部分的な日陰。湿っているけれど水浸しではない、肥沃でオーガニックな土。

耐寒性：非常にあります。−20℃でも大丈夫。

大きさ：2、3年後に40×25cmくらいまで大きくなります。

ヒドラスチスの利用法

料理　なし。

料理以外　さまざまな潰瘍性の病変の治療に用いてうまくいっていたことを鑑み、根から得られる少量の黄色い染料には、殺菌成分が含まれていると思われます。

左：ヒドラスチス。
上：植物療法に用いられるヒドラスチスの根。

Hypericum perforatum
セントジョンズワート

オトギリソウ属には非常に多くの種がありますが、その大半がセントジョンズワートと称されます。けれど、その中でもかなりの割合の種には、園芸植物としての価値がさほどありません。観賞用の変種も考えれば、相当な数になります。それでも、薬草としての活用法がたくさんあることから、ここに掲載するのは当然といえるでしょう。属全体の特徴は、光にかざすと見える、葉にある小さな斑点です。このような斑点は油点といわれ、ここから、さまざまな薬効をもたらす油が分泌されます。

上：セントジョンズワート。
右：セントジョンズワートのエッセンシャルオイル。

栽培方法と注意点

　秋と春に根覆いをし、初春に、バランスのいい一般用またはバラ用の肥料を与えます。低木の場合、地上部はおそらく残りますが、1年おきの春に、思い切って刈りこむのが一番です。この（低木）多年草を増やすなら、秋か春に、自然に根づいたランナーを植え替えるのが最良の方法でしょう。

セントジョンズワートの基本情報

問題：なし。

おすすめ品種：購入できるのは通常品種のみです。

鑑賞ポイント：非常にかぎられています。星のような形をした、たくさんの黄色い小花。細長くて小さい、淡い緑の葉。かなり無秩序に生い茂る植物です。

場所と土：日当たりのいい場所か明るい日陰。あまり重くなく、水浸しでなければ、ほとんどの土が大丈夫です。

耐寒性：非常にあります。-20℃でも大丈夫。

大きさ：2、3年後には、75㎝～1m×40～50㎝まで大きくなります。

セントジョンズワートの利用法

料理　若い葉は、サラダに加えて、ほのかにピリッとする香りを付加するために用いられることがあります。

料理以外　花のエキスは、あざや同様の病変の治療のために用いられています。

Hyssopus officinalis
ヒソップ

ヒソップは、庭のハーブの中で最もよく知られているものの1種です。（低木）多年草で、ほかの多くの種と同じく、シソ科の仲間ですが、ハーブとしての広範な活用法があるのみならず、多彩な色の変種もあり、そのいずれもが、とてもかわいらしいのです。ハーブガーデンの中央に植えておくのが一番でしょう。パッと人目を引くのはまちがいないものの、すばらしい花壇の正面に配しても大丈夫なレベルには到底およばないからです。

栽培方法と注意点

秋と春に軽く根覆いをし、初春に、バランスのいい一般用あるいはバラ用の肥料を与えます。地上部は、春、思い切っ

て刈りこむのが一番です。増やす場合は、初夏に挿し木で行います。やや成熟した切り枝と、冷床の培養土を用いてください。

ヒソップの基本情報

問題： なし。

おすすめ品種： 広く購入できるのは、青い花をつける通常品種ですが、大きな花をつける変種同様、白やピンク、紫の花をつける特別種も入手できます。

鑑賞ポイント： 多彩な色の、唇状の小花をつける花穂。とても整った茂み状の植物。少し細長い、密集した葉。

場所と土： 日当たりのいい場所。水はけのいい、できればアルカリ性の軽い土。

耐寒性： 非常にあります。−20℃でも大丈夫。

大きさ： 刈りこんだ後でも、各シーズン内で75×30㎝に達します。

上：ヒソップのハーブティー。
左：ヒソップ。

ヒソップの利用法

料理　若い葉と花は、サラダにスパイシーな香りを加えます。葉は、多様な肉料理といっしょに調理されたり、フルーツコンポートやパイにも用いられることがあります。

料理以外　葉のエキスは、多数の内臓疾患の治療に用いられてきました。また外傷治療薬も、葉のエキスからつくられています。

Inula helenium
オオグルマ

キク科の印象的な仲間で、観賞用の生垣に用いるのに最適なハーブの1種です。花に比べ、葉が多少大きく見えるかもしれませんが、とても美しい、鮮やかな緑色で、開花をうながす目的を十分に果たしています。この多年草は現在、欧州で広く帰化していますが、原産地は北アジアです。学名の"helenium"は、トロイアのヘレネがパリスにさらわれた際に植物を摘んでいた、という話に由来するといわれています。

左：オオグルマ。
右：オオグルマの根から生薬がつくられます。

栽培方法と注意点

春と秋に根覆いをし、秋にバランスのいい一般的な肥料を与えます。秋、地上部を刈りこんでください。バラバラと倒れてしまうことがあるので、夏に支柱を立てるのが一番です。増やす場合は、秋に株わけをしてください。

オオグルマの基本情報

問題：うどん粉病。

おすすめ品種：購入できるのは通常品種のみです。

鑑賞ポイント：わずかに粗いとしても、大きくて、色鮮やかな緑の葉。夏に咲く、明るい黄色の、ヒナギクに似た小さな舌状花。

場所と土：日当たりのいい場所。肥沃で、かなり湿っているものの水浸しではない、ローム質の土。

耐寒性：非常にあります。-20℃でも大丈夫。

大きさ：3年以内に1〜2.5m×50cmくらいまで大きくなりますが、生育環境がよければ、もっと大きくなって生い茂ります。

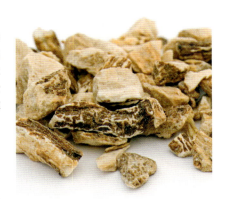

オオグルマの利用法

料理　根は野菜として調理されることもありますが、どんなに長時間煮ても、ピリッとした苦味は残ります。根のエキスを結晶化させたものは、お菓子として食べられます。多数のアルコール飲料の風味づけにも用いられます。一番有名なのはアブサンです。

料理以外　根のエキスは、去痰および咳の緩和の医薬として用いられます。

Iris germanica var. Florentina
ニオイイリス

アヤメ属は、非常に多くの美しい観賞用の種がある、魅力的でとても大きな属です。ところが意外にも、ハーブの特徴を有する種は1種類しかありません。かなり人目を引くその植物は、ニオイイリス。昨今親しみをこめて"Iris florentina"と呼ばれていますが、ジャーマンアイリスの変種と考えられていることから、正確には"Iris germanica var.Florentina"です。そのため、ニオイイリスにもジャーマンアイリスと同じ突起があります。ただし、ニオイイリスの方が小さく、その名が示すとおり、フローレンスの近くで商業品種として盛んに栽培されています。

左：ニオイイリス。
右：ニオイイリスの根。

栽培方法と注意点

　一般に、突起のあるアイリスは根覆いをしないのが一番です。地表の根茎の腐敗をうながしかねないからです。ただし春には、バランスのいい一般的な肥料か骨粉を軽く与えてください。秋、花が枯れたら花茎を刈りこみ、葉も半分ほどまで刈りこみます。支柱は不要です。開花後、根茎を株わけして増やします。その際、中央部の古い根茎は避け、若く新しい根茎を浅めに植えなおすようにしてください。

ニオイイリスの基本情報

問題：ナメクジとカタツムリ。

おすすめ品種：購入できるのは通常品種のみです。

鑑賞ポイント：アヤメ属に典型的な、剣を思わせる葉。初夏に咲く、黄色い模様を有する、ごく淡いラベンダーか白い花。

場所と土：日当たりのいい場所。肥沃だけれど水はけのいい、できれば弱アルカリ性の土。

耐寒性：非常にあります。−20℃でも大丈夫。

大きさ：3年以内に、75㎝〜1m×30㎝くらいまで大きくなります。

ニオイイリスの利用法

料理　なし。

料理以外　根茎のエキスは、非常に強力な下剤として、またほかのちょっとした目的のために医薬として用いられていますが、最もこの名を知らしめているのが、その根を乾燥させたものでしょう。これは、香水をはじめとするさまざまな化粧品に、やさしい香りをもたらすために使われています。

Lamium spp.
オドリコソウ属

英名には、「イラクサ」を意味する語が含まれていますが、刺毛を持ったイラクサとはなんの関係もなく、まったく無害です。この属には、とても魅力的な種や変種がいくつか含まれていて、観賞用の生垣で栽培する価値は十分にあります。オドリコソウ属の多年草の中には、ハーブガーデン内にきちんと居場所を見つける能力を有するものがありますが、この属が含まれるシソ科には、ほかのハーブがとてもたくさんあるので、当然といえば当然でしょう。

栽培方法と注意点

春と秋に軽く根覆いをし、春、バランスのいい一般的な肥料を与えます。夏の終わりにむけて、散在している古くなった花芽を刈りこんでください。春か秋に株わけをするか、自然に根づいたランナーを植え替えて増やします。

オドリコソウ属の基本情報

問題：なし。

おすすめ品種：ハーブとして用いられるものの大半は、最も一般的な種「ラミウム・マクラツム」です。これには多様な変種も存在します。中でも一番いいのは、「ビーコンシルバー」（美しい銀色の葉、ピンクの花）

右：白いオドリコ
ソウのお茶。
左：白いオドリコ
ソウの葉は、刺毛を
持ったイラクサの
葉と見た目が
似ているだけです。

と「ホワイトナンシー」(銀色の葉と白い花)です。

鑑賞ポイント：ノコギリ歯状の小さなハート形の葉。大きくなりすぎない習性。夏に咲く、典型的なシソ科の花。

場所と土：日当たりのいい場所からまずまずの日陰まで。かなり肥沃でかなり水はけのいい土。ただし、ほぼどんな状況でも繁殖します。

耐寒性：非常にあります。−20℃以下でも大丈夫。

大きさ：3年ほどのうちに、15 × 45 ㎝くらいまで大きくなります。

オドリコソウ属の利用法

料理　若い葉は、サラダに用いられたり、野菜として軽く蒸したり、スープに使われたりすることがあります。

料理以外　乾燥させた葉からつくられるのがハーブティーです。新鮮な葉を用いた湿布は、外傷治療の効果を有するといわれています。

Lavandula spp.
ラベンダー属

何千人もの園芸家が、庭でラベンダー属の植物を栽培しています。それも当然といえば当然でしょう。初夏に咲くこの花は、最も心を揺さぶる、そして（ほとんどの場合）最もすばらしい香りを有しているからです。ラベンダー属はまた、万能でもあります。庭の周縁にまとめて配しても、個々の植物として鉢などに植えてもよく、観賞用の低木の生垣と同等の価値も有します。昔から香料として利用されてきたことはだれもが知るところでしょう。けれど、料理用のハーブとしての価値もあると知れば、多くの人が驚くかもしれません。

栽培方法と注意点

春と秋に根覆いをし、春、バランスのいい一般用かバラ用の肥料を与えます。花がしおれてきたら、ハサミで刈りこんでください。古くなった枝を短く切って、きれいな形を維持できるようにしておきましょう。この木質多年草は、夏、冷床の砂状の培養土に、やや成熟した切り枝を挿して増やします。

ラベンダー属の基本情報

問題：なし。

おすすめ品種：ハーブガーデンで栽培するなら、魅力的な品種でなければなりませんが、ハーブとしての価値や、実際

の香りは、種によってさまざまです。最もよく知られていて、耐寒性もあるのは、「真正ラベンダー」の変種です。白い花をつける「アルバ」、こじんまりとしていて、香りもいい、濃い紫の花の「ヒドコート」、比較的丈が高く、ピンクの花をつける「ロドンピンク」、「ヒドコート」に似ていますが、それよりも花が散開し、色も淡く、早咲きの「マンステッド」が含まれます。また、「ラバンディン」という品種もあります。ここに含まれるのは、かなり散開したラベンダーブルーの花をつける、丈の高い「グラッペンホール」、こじんまりとまとまって咲く、紫の花と灰色がかったやわらかい葉を有する「トゥイックルパープル」です。

上：ラベンダーのエッセンシャルオイル。
左：「ヒーチャムブルー」。

鑑賞ポイント：なじみのある花穂。いつもラベンダー色なわけではけっしてなく、白から非常に濃い紫まで、多岐にわたります。どの色も、概して灰色がかった緑の小さな葉にとてもよく映えます。

場所と土：日当たりのいい場所。かなり肥沃だけれど、とても水はけのいい、軽い土。ラベンダー属は、寒く湿った場所では、まったく育ちません。

耐寒性：−20℃でも大丈夫な「非常にある」から、−5℃〜−10℃くらいまでなら大丈夫な「かろうじてある」までです。

大きさ：種と剪定によってさまざまですが、3、4年後には45×30cmから1m×75cmくらいまでになります。

ラベンダー属の利用法

料理 花は、お菓子の香りづけに少量が用いられることがあります。また、塩味の料理にも使われる場合があります。

料理以外 花からつくられるラベンダーティーには、際立った鎮静効果があるといわれています。オイルはアロマセラピーでさまざまに活用され、もちろん香水にも使われています。

Levisticum officinale

ラビジ

ラビジという名前をきいたことがある人は多くても、その姿形を知っている人はごくかぎられていそうですし、実際に栽培している人となると、さらに少ないでしょう。非常にたくましい（多くの庭にとっては、むしろたくましすぎ、だからこそあまり目にしないのです）セリ科の植物で、あまり見た目のよくない、緑がかった白い頭花と、深く切りこみの入った、濃い緑色の大きな葉を有します。それでも何世紀にもわたって栽培されてきたのは、この多年草が持つ数多の薬効ゆえです。あなたのハーブガーデンに十分な余裕があるなら、ぜひ栽培してください。

栽培方法と注意点

春と秋に根覆いをし、春、バランスのいい一般的な肥料を与えます。扱い方は、ほかの多年草とほぼ同じです。秋に、

左：ラビジ。
右：乾燥させたラビジの葉。

地上部を刈りこんでください。ただし、茎を使う場合は、若いうちに刈るのが一番でしょう。セロリの軟白栽培に用いるチューブで周囲を囲み、軟白したものが理想です。最も早く増やすなら、タネからです。通常は自生の苗が購入できます。

ラビジの基本情報

問題：なし。

おすすめ品種：購入できるのは通常品種のみです。

鑑賞ポイント：大きくて、濃い緑の葉が主な魅力です。花にはさほど心を引かれません。

場所と土：日当たりのいい場所から、明るいか、まずまずの日陰まで。かなり肥沃で、水浸しでなければ、たいていの土が大丈夫です。

耐寒性：非常にあります。−20℃以下でも大丈夫。

大きさ：2、3年以内に2m×75㎝に達します。

ラビジの利用法

料理　若い葉は、サラダに入れて食べたり、肉料理の調理に加えたり、とびきりおいしいスープや、気分をスッキリさせるお茶をいれるときに用いられたりします。タネは昔から、パンやパイなどに加えられてきましたが、塩味の料理の香りづけにも用いられることがあります。根と若い茎は、野菜として調理されます。軟白栽培した若い茎は、ソースを添えて供すれば、アスパラガスに引けをとらないという人もいます。

料理以外　医薬としてのちょっとした活用法がたくさんあります。概して用いられるのが、腎臓疾患の緩和です。

Lilium candidum

マドンナリリー

その美しさや堂々とした佇まいで、ユリにかなう球根はそうはありません。そのため、純粋な美的観点から、ハーブガーデンに1本でもユリがあれば嬉しくなってきます。マドンナリリーは多くの意味で、別荘の庭で栽培されるユリの典型です。数少ない欧州種という点もめずらしく、酸性の土でも育つ、比較的わずかな種の1種で、浅植えを好むのも、おそらくこの種ならではでしょう。

栽培方法と注意点

栽培の際はかならず、球根を土で覆うだけにしてください。秋と春に腐葉土で根覆いをし、初春に骨粉を与えます。頭花は、枯れたら切り落とし、秋には地上部全体を刈りこみます。すべてのユリと同じく、鉢で育てるのが理想です。そうすれば、花が枯れたとき、簡単に移動させることができます。この球根多年草は、秋に球根を分割するか、初春に、温床の培養土にタネをまいて増やします。

マドンナリリーの基本情報

問題： ボトリチス病。ユリクビナガハムシ。ナメクジ。ウイルス。けれど、多くのユリに比べると、ウイルスを筆頭に、概して病気にはなりにくいでしょう。

おすすめ品種： 普通目にするのは通常品種ですが、「プレナム」という八重咲きの変種もあります。

鑑賞ポイント： 夏、かなり細長い茎の先端に咲く、独特なトランペットの形をした、このうえなくすばらしい白い花。

場所と土： 日当たりのいい場所。軽いけれど肥沃で、水はけのいい、できればアルカリ性の土。

耐寒性： 非常にあります。−20℃以下でも大丈夫。

大きさ： 単球を植えて3年以内に1〜1.5m×25cmになります。

上：マドンナリリーの根。
左：マドンナリリー。

マドンナリリーの利用法

料理 東地中海の一部では、根を調理して食べます。

料理以外 球根のエキスは昔から、ウオノメなどのかたくなった皮膚をやわらかくするために用いられています。それ以外にもかつては、ものすごくたくさんの、それも概して一風変わった特性がいわれていました。

Linum usitatissimum
アマ

夏、田舎の畑をすばらしいブルーで彩る（ナタネの黄色からの見事な変化です）農作物としてなじみがあるアマは、昔から栽培されてきました。ハーブとしての魅力と、飾らない美しさを有します。アマのタネ、フラックスシードは健康に役立つ、といわれていることから、最近は人気が急上昇しています。

上：アマ。
右：フラックスシード。

栽培方法と注意点

耐寒性の一年草として栽培します。春、本来の場所にタネをまくか、スペースがかぎられているなら、外に出せるよう、いくつかの鉢で育てるといいでしょう。

アマの基本情報

問題：なし。

おすすめ品種：ハーブガーデンに最適なのは通常品種ですが、店頭には、観賞用の一年草として、さまざまな色の特別種が並んでいます。

鑑賞ポイント：見るからに折れやすそうな、ひょろ長い茎。通常一重の青い小花。ただし、白や赤の花をつける種もあります。個々の花の寿命はとても短いものの、日々新しい花が咲きます。

場所と土：日当たりのいい場所。軽いけれど、まずまず肥沃で水はけのいい土。

耐寒性：非常にあります。−20℃以下でも大丈夫。

大きさ：（さまざまな栽培条件に応じて）シーズンのあいだに1.2m×15cmまで大きくなります。

アマの利用法

料理 タネと実はどちらも昔から食べられてきました。タネは今では広く購入でき、オイルとしてサラダのドレッシングに用いたり、あるいはシンプルに、タネそのものをサラダや朝食のシリアルに散らしたりします。

料理以外 タネは緩下剤になります。また、外傷治癒の湿布をつくるためにも用いられます。

Lonicera caprifolium
パーフォリエイト・ハニーサックル

スイカズラ属は、属としては改めて説明するまでもないでしょう。美しい花とすばらしい香りをあわせ持つこのつる性植物の多年草は、非の打ち所がありません。せまい庭では、いささか勢いがあまってしまうかもしれませんが、これは、最も効果的な薬効を有する種です。

栽培方法と注意点

秋と春に、できれば腐葉土で根覆いをし、春にバランスのいいバラ用の肥料を与えます。春、最も古い枝を1/3程度まで刈りこみ、全体の見た目をきれいに整えてください。秋、冷床の培養土に、やや成熟した切り枝を挿して増やします。

パーフォリエイト・ハニーサックルの基本情報

問題：アブラムシ。うどん粉病。

おすすめ品種：ハーブガーデンに最適なのは通常品種ですが、通常品種よりもわずかに赤い色を帯びた花をつける、有名な変種も1、2種類あります。

右：パーフォリエイト・ハニーサックルの花。
次ページ：パーフォリエイト・ハニーサックルには、切り花としての意外な活用法があります。

鑑賞ポイント：夏に咲く、黄色がかったピンク色の花。淡い青緑色の葉と、先端部で対になっている小さな葉。鮮やかなオレンジ色の果実。

場所と土：一番いいのは明るい日陰。肥沃で深いオーガニックの壌土。

耐寒性：非常にあります。−20℃以下でも大丈夫。

大きさ：3、4年後には高さが4〜5mになります。そして、かなり広範に横に広がります。

パーフォリエイト・ハニーサックルの利用法

料理 なし。

料理以外 香水への使用以外にも、花やほかの部位は、緩下剤から咳の治療薬まで、多様なものに用いられています。細胞に、アスピリンの原料サリチル酸が含まれています。想定内のことではありますが、とり扱いには注意が必要です。

Lupinus polyphyllus
ルピナス

ハーブガーデンに適したルピナスはこの野生の北米種で、ここからガーデン品種も派生しています。多年草で、野生種の花は概して青ですが、もちろん栽培品種には多彩な色が存在します。

上と右：ルピナス。

ルピナスの基本情報

問題： うどん粉病。ルピナス特有の大きなアブラムシ。

おすすめ品種： ハーブガーデンに適しているのは通常品種です。ほかの種に惑わされないでください。

鑑賞ポイント： 初夏に、唇状の青い花をつけるなじみのある花穂。野生種の花穂は、栽培品種のものほど高くなることはありません。

場所と土： 日当たりのいい場所または非常に明るい日陰。軽いけれど、肥沃で水はけのいい土。

耐寒性： 非常にあります。−20℃以下でも大丈夫。

大きさ： 2、3年後には75cm〜1m×50cmくらいまで大きくなります。

栽培方法と注意点

秋と春に根覆いをし、春、バランスのいい一般的な肥料を与えます。(タネが不要な場合は) 花の色があせたら、枯れた頭花はすぐに切り落とします。うどん粉病が発生してせっかくの美しさが損なわれだしたら、急いで地上部をすべて刈りこんでください。ほとんどが、タネから簡単に増やせます。

ルピナスの利用法

料理 なし。タネをはじめ、有毒な部位があるので、けっして食べないでください。

料理以外 タネから皮膚の鎮静剤がつくられます。

Malva moschata
ジャコウアオイ

庭で見るゼニアオイ属は数種類ありますし、それ以上に、英名に「ムスク」を意味する語がつく植物もありますが、ジャコウアオイが特別なのは、シンプルで魅力的な花の構造と、芳純なムスクの香りをあわせ持っているからです。ゼニアオイ属の中には、同じ薬効が得られるものが何種かありますが、中でも最もかわいく、最も扱いやすいのがこのジャコウアオイです。またこの植物には、ことのほか人目を引く葉という、さらなる魅力もあります。

栽培方法と注意点

秋と春に根覆いをし、春、バランスのいい一般的な肥料を与えます。かならず、きちんと支柱を立ててください。さもないと、ただのゴチャゴチャしたかたまりになってしまいかねません。支柱は、周囲をぐるりと囲むように配したり、小枝の多い枝を使うのが最も効果的でしょ

右:ジャコウアオイの花。
左:白いジャコウアオイ「アルバ」。

う。秋、地上部を切り戻します。晩春、冷床に培養土を入れた鉢を置き、そこにタネをまけば、ほとんど種が簡単に増やせます。

ジャコウアオイの基本情報

問題:さび病。

おすすめ品種:通常品種はピンクの花をつけますが、明らかによりすばらしいのが、美しい白い花をつける「アルバ」という品種です。

鑑賞ポイント:夏の長いあいだ楽しめる、お皿のような形をした、ピンクか白の一重の花。細かい切りこみの入った、大きくて、まるで羽根のような葉。

場所と土:日当たりのいい場所または非常に明るい日陰。肥沃で水はけのいい土。

耐寒性:非常にあります。−20℃以下でも大丈夫。

大きさ:2、3年後には、75cm〜1m×45〜60cmくらいまで大きくなります。

ジャコウアオイの利用法

料理 意外ですが、若い葉は見た目の変わった野菜として楽しめます。

料理以外 古い医薬としての活用法がいくつかあり、中でも最もよく知られていて重要だったのが、根からつくられる咳止め薬でした。

Marrubium vulgare
ニガハッカ

ニガハッカにハーブとしての立派な歴史があって幸いです。でなければ、この最も見栄えの悪い植物が、庭のどこかに生息場所を得るなどまず無理だったでしょう。この多年草は、古代から咳止め薬として栽培されてきました。今日でも、専売薬にはこのエキスが含まれています。英名は「ホアハウンド」といいます。これはおそらく「白髪の」を意味する語と同じ語源でしょう。

栽培方法と注意点

秋と春に根覆いをし、春、バランスのいい一般的な肥料を与えます。秋、地上部を刈りこんでください。晩春、株わけするか、冷床の培養土にタネをまいて増やします。

ニガハッカの基本情報

問題：なし。

おすすめ品種：購入できるのは通常品種のみです。

上：ニガハッカの葉。
左：ニガハッカ。

鑑賞ポイント： 非常に少ないです。毛に覆われた、不格好で小さい葉。夏、茎から房状に咲く唇状の白い小花。

場所と土： 覆いのある、日当たりのいい場所。軽くて、非常に水はけのいい土。

耐寒性： 非常にあります。−20℃以下でも大丈夫。

大きさ： 2、3年後には45×25cmくらいまで大きくなります。

ニガハッカの利用法

料理 なし。

料理以外 咳止め薬、去痰薬、一般的な風邪薬は、毛に覆われた葉からつくられます。

Melilotus officinalis
シナガワハギ

この植物は、園芸書よりも農業書でよく目にします。かつては大事な家畜用農作物で、現代の庭で重要な役割を果たしたことはまずないからです。けれどそれは意外であり残念でもあります。なぜならこれは、重要な薬効と最も魅力的な外観を有する種なのです。英名は、「ハチミツ」を意味する古語に由来することから、この植物の香りと、養蜂植物としての価値の両方がうかがえます。今ではハーブの養苗場でかなり普通に購入できるようになってきていますから、あとはさらに広範に栽培されていくようになることを願います。

栽培方法と注意点
　二年草として栽培します。晩春、本来の場所にタネをまけば、翌年開花します。場所がかぎられているなら、冷床に置いた鉢で育ててもいいでしょう。そうすれば翌春、鉢ごと外に出せます。

シナガワハギの基本情報
問題： なし。

前ページと左：シナガワハギ。

おすすめ品種：購入できるのは通常品種のみです。

鑑賞ポイント：夏の長いあいだ、ハチミツの香りがする、マメのような形の黄色い小花をつける、細い花穂。ハギに似た繊細な葉。

場所と土：日当たりのいい場所か非常に明るい日陰。軽いけれど、とても肥沃で水はけのいい土。

耐寒性：非常にあります。−20℃以下でも大丈夫。

大きさ：2年のあいだに、75㎝〜1m×50㎝くらいまで大きくなります。

シナガワハギの利用法

料理 葉は、詰め物の香りづけに用いられます。チーズに使われることもあり、スイスでは、近縁種がグリュイエールチーズの香りづけに使われます。

料理以外 医薬としてのちょっとした活用法がさまざまあります。花のエキスを用いてつくられるのは目薬です。ただしこれは、専門家の指導なしにはけっして行わないでください。また葉のエキスは、炎症をおさえる湿布に用いられています。

Melissa officinalis

メリッサ

どういうわけか、非常に多くのハーブがレモンの香りを有します。中でも特に香りが強いのがこの植物でしょう。その多彩な品種は、春のハーブの中で最も美しく、どんなハーブガーデンでも栽培されて当然の植物です。この多年草の唯一の欠点は、夏が長いと、少々乱雑に散在してしまうこと。また、繁殖力もかなりあります。この薬効が古代から知られていたことは言を俟ちません。

栽培方法と注意点

秋と春に軽く根覆いをし、春にバランスのいい一般的な肥料を与えます。秋、地上部をすべて刈りこんでください。夏、やや成熟した切り枝を挿して増やします。まださほど年月も経過しておらず、木質化もしていなければ、株わけでもうまく増やせるでしょう。

メリッサの基本情報

問題： 繁殖しすぎる可能性。

おすすめ品種： 通常品種と、愛らしい変種「オーレア」、愛らしさでは劣るものの、金色の葉を有する変種「オールゴールド」は、いずれも広く入手できます。

鑑賞ポイント： 程度の差はあるものの、ハート形の鮮やかな緑の小さな葉（「オーレア」は美しい金色の斑入り）。夏に咲く、唇状の黄色がかった小花。

場所と土： 日当たりのいい場所か非常に明るい日陰。肥沃で湿った、けれど水浸しではない土。

耐寒性： 非常にあります。−20℃以下でも大丈夫。

大きさ： 3年以内に75㎝〜1m×50㎝くらいまで大きくなります。けれどこの数字はいささかあてになりません。シーズンの最初のうち、この植物の丈は低く、葉はとてもきれいなロゼット状になるからです。

上：ハーブティーに用いられるメリッサ。
左：メリッサ「オーレア」。

メリッサの利用法

料理　新鮮な若い葉はサラダに、また、魚や肉、チーズを使った料理に用いられ、デザートにレモンの香りを付加することもあります。レモンの香りが際立つお茶の中には、葉のインフュージョンからつくられるものもあります。

料理以外　お茶は、風邪や鼻詰まりの症状を緩和するといわれています。葉は、傷を癒す一助として、また刺し傷の緩和に用いられてきました。

Mentha spp.
ハッカ属

ハッカ属は最もなじみがあり、最も定番のハーブ植物の1種で、ハーブ栽培専用の場所の有無にかかわらず、ほぼすべての庭に存在します。けれど悲しいかな、ほとんどの庭にあるのは1種類だけ、それも概して、最高の種でも最も魅力的な種でもありません。しかも片隅に追いやられています。そしてそこから、庭を侵略せんばかりにどんどん根をのばしているのです。とはいえ、この属には25種類もの多年草(と数種類の一年草)があり、どんな庭にも、多彩な色と香りをもたらしてくれます。

栽培方法と注意点

　直径20cmのプラスチックの鉢(底に排水用の穴があいているもの)に培養土を詰めます。次に、鉢1つに対してハッカ属の苗1株を植え、鉢を庭に埋めます。鉢と庭、それぞれの表面が同じ高さになるようにしてください。こうすれば、ランナーが庭中に広がるのを防げます。秋、鉢を掘り出し、野生化しそうな手に負えない枝を刈りこみます。その後、2年ごとの秋に、小枝を切って別の鉢に植え、翌年、古いものととり替えてください。ハッカ属のタネが売られているのを目にすることもあるでしょう

が、タネからでは最上のものは育たないので、時間の無駄です。

ハッカ属の基本情報

問題：なし。

おすすめ品種：庭で栽培するハッカ属の中でも飛び抜けて多いのが、「スペアミント」です。チューインガムに使われますが、ミントソースに最適ではありません。そこで、以下の中から選んでください。葉に金色の斑模様があり、ジンジャーの香りがする美しい「バリエガータ」（ジンジャーミント）。スペアミントの香りがする、大きくてふぞろいであまりぱっとしない「ホースミント」。濃い緑の葉を有し、ペパーミントの味がする、夏の飲み物にぴったりの「ペパーミント」。濃いブロンズグリーンの葉を有する、さわやかな香りの「オレンジまたはオーデコロンミント」。小さな葉を有し、ほふく性でペパーミントの香りがする「ペニーロイヤルミント」。ちなみに「アップライト」はペニーロイヤルミントの立性種になります。葉も花も小さく、ほふく性でペパーミントの香りを有し、石と石のあいだの湿った場所でも立派に成長する小さな宝石「コルシカミン

右：モヒートのようなカクテルによく用いられるミント。
左：「ペパーミント」。

左：斑入りの「パイナップルミント」。
右：ミントソースは、ローストした肉、特にラム肉に定番の薬味です。

ト」。「スペアミント」はスペアミントの香りを有する種の基本、基準の種で、庭にあればジャガイモ料理に使えますが、だからといって、スペアミントしか使わない、というのはやめましょう。「カーリーミント」は丈夫でかわいい、葉が縮れている種です。「アップルミント」は、毛で覆われた丸い葉を有し、リンゴの香りがします。ミントソースに最適なミントです。「ボールズミント」は、綿毛で覆われた、大きくて丸い、リンゴの香りのする葉を有します。これも、ミントソースに適しています。

鑑賞ポイント：魅力的で、見るからに生き生きした葉。基本は緑ですが、往々にして斑入りなどのすてきな模様を有します。夏に咲く、紫色の小花。

場所と土： 日当たりのいい場所から、明るいか、まずまずの日陰まで。ハッカ属は大半が耐陰性のハーブです。たいていの土は大丈夫ですが、乾燥してやせた土ではけっして育ちません。

耐寒性： 非常にあります。−20℃以下でも大丈夫。

大きさ： 2年でコルシカミントは1×10㎝、ホースミントは1m×60㎝と、種によって大きく異なります。

ハッカ属の利用法

料理 一番よく知られている利用法といえば、ミントソース、冷たい飲み物に添えるペパーミント、ジャガイモと調理する若い葉、ですが、繊細な香りは、ほぼどんな塩味や甘味の料理にもあいますし、いろいろと試してみるのも楽しいでしょう。インフュージョン、それも特にペパーミントのものからは、おいしいお茶がつくれます。ミントソースをつくる場合、葉の香りをすべて引き出すために、刻んだ後、かならず湯どおしし、それからビネガーで割ってください（使うのはモルトビネガーで、ワインビネガーではありません）。

料理以外 生でもインフュージョンでも、すっきりとした香りが、鼻詰まりや頭痛をはじめとする不快な症状を、実際にであれ、気分的にであれ、緩和してくれます。

Monarda didyma
タイマツバナ

英名に"balm"（語源は「バルサム」と同じで、単に「ピリッとした」の意です）がつく種で、同じく英名に"balm"がつくメリッサ同様シソ科の仲間ですが、これは非常にかわった植物で、観賞用の生垣で目にすることがとてもよくあるハーブの1種です。また、メリッサはレモンの香りがしますが、タイマツバナはオレンジの香りです。もう1つの英名「オスウィーゴティー」は、北米のネイティブアメリカン、オスウィーゴ族によって用いられたことを示しています。ちなみに1773年、欧州からの入植者たちが紅茶をボイコットして飲んだのがこのお茶でした。

左：タイマツバナ。
右：タイマツバナのお茶。

栽培方法と注意点

秋と春に軽く根覆いをし、春にバランスのいい一般的な肥料を与えます。秋、地上部をすべて刈りこんでください。この多年草は、夏、やや成熟した切り枝を挿して増やします。株わけでもいいでしょう。

タイマツバナの基本情報

問題： なし。

おすすめ品種： 通常品種もいいですが、もっと色鮮やかな花の方がいいなら、「ケンブリッジ・スカーレット」がおすすめです。白い花をつける「アルバ」もあります。

鑑賞ポイント： 生き生きとした、かなり明るい緑色の細長い葉。ピンク、紫、赤、白のとても繊細な頭花（色は種によって異なります）。

場所と土： 日当たりのいい場所か、明るい日陰。肥沃で湿っているけれど、水浸しではない土。

耐寒性： 非常にあります。−20℃以下でも大丈夫。

大きさ： 3年以内に75cm〜1m×30cmくらいまで大きくなります。

タイマツバナの利用法

料理 花か若い葉は、サラダにオレンジの風味を添えるために用いたり、デザートに加えたり、インフュージョンに使うことがあります。

料理以外 お茶は、風邪、鼻詰まりをはじめとする呼吸器疾患や鼓腸を緩和するといわれています。

Myosotis spp.

ワスレナグサ属

ワスレナグサは、庭に咲く一年草としても、野草としても、最も愛される1種なのは周知の事実です。けれどハーブとしては……残念ながら、そうではありません。とはいえ多くの国で、花と葉の両方のエキスが、今でも実際にハーブとして使われているのです。概して最もよく用いられているのは多年草種ですが、一年草ともども主な問題点は、夏になるとうどん粉病が発生することでしょう。ですが、美しい青い小花をつけるこの植物たちを、ハーブガーデンの生垣としてせめて数種類だけでも栽培しようという気持ちがあるなら、どんな口実でも大歓迎です。

栽培方法と注意点

一年草は、タネをまくだけで、その後は毎年自然播種します。多年草は、根覆いの必要はまずありませんが、春にバラ

左:「ワスレナグサ」の花。
右:「ワスレナグサ」のフラワーエッセンス。

ンスのいい一般的な肥料を与え、晩夏、うどん粉病が発生したらすぐに地上部を刈りこんでください。多年草は、晩春、本来の場所にタネをまくか、株わけをして増やします。

ワスレナグサ属の基本情報

問題： うどん粉病。

おすすめ品種： 一年草も多年草もたくさん種があります。多年草で一番いいのは、エゾムラサキ、ノハラワスレナグサ、シンワスレナグサでしょう。最もタネを手に入れやすそうな一年草はノハラムラサキです。ただし、こうした栽培品種は、青い色の花以外は避けてください。

鑑賞ポイント： 小さな細長い葉。かたまって咲く、なじみのある明るい青の小花。

場所と土： 日当たりのいい場所か明るい日陰。乾燥しすぎていなければ、ほとんどの土が大丈夫ですが、理想は、軽く、それでいてかなり肥沃で水はけのいい土。

耐寒性： 非常にあります。−20℃以下でも大丈夫。

大きさ： 種によって異なりますが、一年草は1年以内に25×25㎝くらいまで、多年草は2、3年後にほぼ30×30㎝になります。

ワスレナグサ属の利用法

料理 なし。

料理以外 葉と花のエキスは肺疾患の治療に用いられます（プルモナリア属（p.214を参照）と同じ科に属しています）。

Myrrhis odorata
スイートシスリー

学名の"Myrrhis"から、聖書に出てくる「ミルラ」を思い出すかもしれません。"Myrrhis"は、芳香植物を意味するアラビア語に由来し、明らかに「ミルラ」と同じ語源ではありますが、関係はないのです。セリ科のハーブの中でも1、2を争うかわいい植物です。ハーブガーデンの中でも最も成長が早い植物に属し、早春、生き生きとした緑の葉が地面から一気に顔を出してきます。また、ハーブとしての利用はさておき、多くのセリ科植物よりも優れているのが、その非常に控えめな草丈でしょう。

上：焦げ茶色に熟したスイートシスリーのタネ。
左：スイートシスリー。

鑑賞ポイント：生き生きとした、明るい緑のシダ状の葉。かわいい元気な白い花をつける小さな散形花序。

場所と土：概して一番いいのは明るい日陰。肥沃で湿った、けれど非常に水はけのいい土。

耐寒性：非常にあります。−20℃以下でも大丈夫。

大きさ：2、3年以内に1m×45cmくらいまで大きくなります。

栽培方法と注意点

秋と春に根覆いをし、春にバランスのいい一般的な肥料を与えます。晩秋、葉が枯れたらすぐに地上部をすべて刈りこんでください。この多年草は、株わけをするか、晩春、冷床の培養土にタネをまいて増やします。

スイートシスリーの基本情報

問題：うどん粉病。

おすすめ品種：見ることができそうなのは通常品種のみです。

スイートシスリーの利用法

料理　葉は、サラダに入れたり、加熱した野菜や肉料理、さらにデザートにも用いられます。タネはサラダやデザートに加えられることがあり、根は野菜として調理し、ビネグレットソースを添えて、温冷どちらでも供されます。

料理以外　医薬としてのちょっとした活用法がいくつかあり、いわゆる「滋養強壮剤」をつくるためにも用いられます。

Myrtus communis

マートル

マートルは正真正銘、最も優美な香りを有する芳香植物の1種です。多くの人が育てにくいと思っていますが、そんなことはなく、適切な覆いをしてやれば、この低木はさまざまな場所ですくすく育ちます。純粋に観賞用の庭で栽培する価値は十分にあり、温暖な地域では、美しい生垣を形成します。と同時に、昔から貴重なハーブとしても活用されているのです。

栽培方法と注意点

秋と春に根覆いをし、バランスのいいバラ用または炭酸カリウムの豊富な肥料を与えます。刈りこみは不要ですが、晩春、のびすぎた枝葉はきれいに切りそろえてください。晩夏、やや成熟した切り枝を挿して増やします。その際は、加温した育苗器の培養土を使ってください。

マートルの基本情報

問題：なし。

おすすめ品種：八重咲きの種も含めて、当然名前のついている品種もいくつかありますが、ハーブガーデンには、ほかの種よりもこぢんまりして耐寒性もある、「タレンティナ」という品種が一番でしょう。

鑑賞ポイント：密生する、小さく、濃い色をした常緑葉。夏に咲く、バラに似た、クリームがかった白の美しい小花。

場所と土：寒風をしのげる、日当たりのいい場所。重くなく、水浸しでもないなら、ほとんどの土が大丈夫です。かなり肥沃な培養土を入れたコンテナでもよく育ちます。

耐寒性：「かろうじて」から「まずまず」まであります。−10℃以下でも大丈夫です。

大きさ：4、5年以内に1×1mくらいまで大きくなります。

上：乾燥させたマートルの実。タネが見えているものもあります。
左：マートル。

マートルの利用法

料理　ローストした肉には、ローズマリーとまったく同じように枝が使われることがあります。葉は、詰め物の材料として、特にブタやヒツジの肉に用いられます。花は、果実を使った料理やデザートといっしょに使われることがあります。

料理以外　医薬としてのちょっとした活用法がいくつかあります。葉のエキスには、外傷の治療や殺菌の効果があります。

Nepeta cataria
イヌハッカ

どうやらイヌハッカには、英名「キャットミント」が表しているように、猫を引きつける魅力があるようです。見た目はさほどすばらしいところはありませんが、ぜひともハーブガーデンに場所を確保し、この多年草を栽培してください。ハーブとしての魅力もいくつかありますし、多くの種よりもはるかに信頼できる薬効を有しているからです。

右：イヌハッカ。
次ページ：イヌハッカの小枝と、ハート形をした、灰色がかった緑の新鮮な葉。

栽培方法と注意点

秋と初春に軽く根覆いをします（あっというまに広がってしまうので、「春」ではもう難しいでしょう）。春にバランスのいい一般的な肥料を与え、秋、地上部を刈りこんでください。

イヌハッカの基本情報

問題：猫を引きつける。

おすすめ品種：イヌハッカ属にはたくさんの種があり、さまざまな目的の庭で用いられていますが、基本となる最良の種はやはりイヌハッカです。

鑑賞ポイント：あまりありませんが、それでも、密生する灰色がかった緑の葉と青紫の小花を夏のあいだは楽しめます。ただし猫が体をなすりつけてくるまで、ですが。

場所と土：日当たりのいい場所。乾燥しすぎていたり、重く湿っていなければ、ほとんどの土が大丈夫です。

耐寒性：非常にあります。−20℃以下でも大丈夫。

大きさ：3年ほどたつと75×30㎝くらいまで大きくなります。

イヌハッカの利用法

料理　生の葉は、肉、それも特にラム肉を調理する際、ほのかなミントに似た香りを付加するために用いられることがあります。また、まずまずといった味のお茶もつくられます。

料理以外　葉と花のエキスは、風邪薬をつくるために用いられます。特に葉のビタミンC含有量が高いので、ある程度の効果があると思われます。

Ocimum basilicum
バジル

小さい鉢に入ったバジルは、今やスーパーマーケットのハーブコーナーに並ぶおなじみの商品になっていますが、これは、タネから栽培する園芸家が少なくなっているからです。けれど、本当に簡単に育てられますし、値段も手頃です。短命の多年草として栽培することもできますが、通常は一年草として育てます。寒さに弱いものの、その場合は温室かキッチンの窓台で育てれば大丈夫です。屋内であれ、屋外の小さなテラコッタの鉢での栽培であれ（おそらくこれがベストですが）、バジルはさわやかな香りと味を有しているので、ほとんどの人が、ガーデニングにも調理にも欠かせないものと考えています。

栽培方法と注意点
初春、一年草としてタネをまきます。できれば、加温した育苗器にまいてください。夏、ときどき刈りそろえれば、きれいな形を保てるでしょう。

バジルの基本情報
問題：なし。

おすすめ品種：何種類もある中でおすすめなのは、レモンの香りがする「レモンバジル」。濃い赤紫の葉を有する「ダークオパールバジル」（一般的な緑の葉の品種といっしょに栽培すると、とてもすてきです）。そして「ミニマム」、

いわゆる「ギリシャバジル」です。小さなかわいい葉を密生させますが、ほかの種に比べると香りは落ちます。

鑑賞ポイント：程度の差はあるものの、楕円形の緑の葉（ただし小さめで、ほかの色を有する種もあります）。夏に咲く、白またはピンクがかった小花。

場所と土：日当たりのいい場所。かなり肥沃で水はけのいい土を好みますが、一番よく育つのは、小さな鉢に入れた芝生用土です。

耐寒性：ほぼありません。－5℃以上ないとダメです。

大きさ：シーズンのうちに通常は25×10㎝くらいまで大きくなります。

左：新鮮なバジルでつくるペストソース。
左ページ：バジル。

バジルの利用法

料理　生の葉はサラダに使われます。刻んで、オイルやビネガーといっしょにトマトとあえると、特においしくいただけます。よく用いられるのがイタリア料理とギリシャ料理で、人気のある「地中海」風味を添えるのに大きく貢献しています。

料理以外　薬剤へのちょっとした適用がいくつかあります。また、広く用いられているのがアロマセラピーです。

Oenothera biennis
イブニングプリムローズ

ハーブガーデンにイブニングプリムローズがあるなら、たとえ夜更かししなくてはならないとしても、その花が開く最も美しい姿を愛でずにはいられません。そう、これはアカバナ科のマツヨイグサ属に属する、夜行性の植物です。原産地は新世界で（ただし今では多くのほかの国にも帰化しています）、北米の先住民が広く用いていました。また学問的にも、その薬効には健全な生化学基盤があることが今では明らかになっています。

左：イブニングプリムローズ。
右：イブニングプリムローズのオイルカプセル。

栽培方法と注意点

二年草として栽培し、晩春、本来の場所にタネをまきます。いったん根づけば、概してかなりのびのびと自然播種します。

イブニングプリムローズの基本情報

問題： なし。

おすすめ品種： 数ある品種の中でも、「メマツヨイグサ」ともいわれる「イブニングプリムローズ」が、ハーブとしての利用が最も簡単で、最適でしょう。

鑑賞ポイント： 丈の高い茎の先端で、往々にして夜遅く開く、お皿のような形の鮮やかな黄色い花。きれいな緑色の細長い葉。

場所と土： 日当たりのいい場所。かなり肥沃で水はけのいい土。冷たく湿った重い粘土はダメです。

耐寒性： 非常にあります。－20℃でも大丈夫。

大きさ： 栽培状況によりますが、2シーズン以内に1〜2m×45cmに達します。

イブニングプリムローズの利用法

料理 根、茎、葉は野菜として調理されることがあります。

料理以外 薬として多く用いられます。血液凝固の可能性を軽減するなど、血液関連の症状にかんするものが主です。また、変性疾患や、更年期をはじめとする女性特有の諸症状の治療にも用いられます。

Onobrychis viciifolia
イガマメ

学名の"vicifolia"は、「ソラマメ属のような葉の」の意です。ソラマメ属はよじ登り植物で、イガマメ属と同じ科に属するとても近い関係なので、驚くようなことではけっしてありません。イガマメ属は、マメ科の1種です。家畜用の大事な農作物であり、園芸よりも農業の観点からより関心を持たれているようです。けれどイガマメは、ハーブとしての長くおもしろい歴史を有しています。そしてなによりつい最近、11世紀にアングロサクソン人が9つの聖なるハーブと称していた中で、唯一残っていた正体不明のハーブがこのイガマメではないかと、数多の思いつきではなく、確かな証拠をともなっていわれているのです。

左：イガマメ。
右：イガマメの花。

栽培方法と注意点

春に骨粉をごく軽く与えます。秋、地上部を思い切って刈りこんでください。春、冷床に培養土を入れた鉢を置き、そこにタネをまいて増やすのが一番です。

イガマメの基本情報

問題： なし。

おすすめ品種： 購入できるのは通常品種のみです。

鑑賞ポイント： とてもかわいいローズピンクの花穂。ソラマメ属をはじめ、マメ科のほかの多くの植物と同じ、なじみのある、かなり切りこみの入った葉。

場所と土： 日当たりのいい場所。乾燥ぎみで水はけのいい、けれどもまずまず肥沃な土がいつでも一番です。

耐寒性： 非常にあります。−20℃以下でも大丈夫。

大きさ： 2年以内に50〜75×30cmくらいまで大きくなります。

イガマメの利用法

料理 若い枝と葉はどちらもさまざまなサラダに使われることがあります。

料理以外 昔は、この植物にはちょっとした薬効がいろいろあると考えられていましたが、今日まで残っているものはないようです。

Onopordum acanthium
ゴロツキアザミ

ハーブガーデンであれ、どこかほかの場所であれ、オオヒレアザミ属を見逃すことはまずないでしょう。ハーブの中でもずば抜けて大きいからです。しかも、2シーズン以内にこの草丈に達します。よく目にする野生の雑草アザミの近縁種で、スコットランドを象徴する国花アザミの起源として、今では広く認識されています。料理用と医薬、両方に使われるハーブとしての歴史も十分に有していますが、その大きさゆえに、ごく普通のハーブガーデンに植えるのは明らかに難しいでしょう。

栽培方法と注意点
晩春、培養土を入れた鉢にこの二年草のタネをまき、初秋、栽培場所に植え替えます。

ゴロツキアザミの基本情報
問題：なし。

おすすめ品種：購入できるのは通常品種のみです。

右：ゴロツキアザミ。
白く、ふわふわした冠毛は、風でタネを飛ばすことができます。

右：ゴロツキアザミの紫色の花。

鑑賞ポイント：全体の大きさに圧倒されます。花の濃い紫色と、それ以外の部分を覆うふわっとした毛の白い色とのコントラスト。

場所と土：日当たりのいい場所、あるいは非常に明るい日陰。ほとんどの土が大丈夫ですが、一番いいのは、肥沃で、かなり水はけのいい土です。

耐寒性：非常にあります。−20℃以下でも大丈夫。

大きさ：条件がよければ 2 × 1.2 〜 1.5m くらいまで大きくなります。

ゴロツキアザミの利用法

料理　つぼみはアーティチョークとまったく同じように調理されることがありますが、アーティチョークほど食用に適してはおらず、その価値を疑うのも無理はないでしょう。ちなみに、若い茎も調理して食されることがあります。

料理以外　過去には医薬としてのちょっとした活用法がいくつかありましたが、今日ではもう用いられていないようです。

Origanum spp.
マジョラムとオレガノ

わずかですが、本当になくてはならないハーブがあり、そこに含まれるのがマジョラムとオレガノです。いずれも料理に欠かせないものであり、花と葉の見た目の美しさ、そして、養蜂植物としての価値ゆえです。この2つが属するハナハッカ属は大きな属で、シソ科の中でも地中海に生育する種の大半が含まれます。いずれも似ていますが、色、習性、香りはある程度異なります。

栽培方法と注意点

根覆いはほぼ無意味ですが、春にかならず骨粉を軽く与えてください。秋に地上部を思い切り刈りこみます。この多年草は、初春にしっかりと形を整えてください。晩夏に、やや成熟した切り枝を培養土に挿して増やすのが一番です。取り木が有益な種もあります。いずれにせよ、タネから最高の種を育てるのは難しいでしょう。

マジョラムとオレガノの基本情報

問題：なし。

おすすめ品種：「オレガノ」（「ワイルドマジョラム」と称されることも）は本来、のび放題の植物で、白かピンクの花をつけ、ピリッとした香りと風味を有します。美しい金色の葉を有する「オーレウム」の香りはマイルドで、ハナハッカ属の中で最もかわいい種です。けれどほかにもすばらしい種はあります。斑入りの「ゴールドチップ」。「コンパクトゥム」

は葉沈とひときわ濃い緑の葉を有します。そして白い花をつける「アルブム」。同じく白い花を有する「スイートマジョラム」は、ほかの種に比べると耐寒性がありません。

鑑賞ポイント： 緑や金色といったさまざまな色あいの繊細な葉。ミツバチにとってとても魅力的な、白または紫がかった小花。

上：新鮮なオレガノ。
左：オレガノ。

場所と土： 日当たりのいい場所か非常に明るい日陰（金色の葉を有する種は、日当たりがいいと枯れてしまうでしょう）。ほとんどの土が大丈夫ですが、一番いいのは肥沃で水はけのいい場所です。

耐寒性： 概して非常にあります。−20℃以下でも大丈夫ですが、中には、かろうじてあるだけで、−5℃以上ないとダメな種もあります。

大きさ： 種によって異なりますが、ほとんどが2年後には20〜45×20〜30㎝になります。

マジョラムとオレガノの利用法

料理 風味づけとして、実に多様に使われます。葉は、サラダや詰め物に入れたり、肉料理（特に鶏肉）、魚、卵、チーズと用いられます。キッチンでの利用はほぼすべて、試してみる価値があるでしょう。葉と花から得られるインフュージョンを使えば、香りのいいお茶をいれることができます。

料理以外 マジョラムとオレガノ、どちらのインフュージョンも、人類が知るほぼすべての病気を治せるといわれています。

Papaver spp.
ケシ属

タンポポとヒナギクに次いで、すぐに見わけられる花のリストの上位に入るにちがいないのがケシです。最近では農場で除草剤が使われるので、野生の一年草である赤いヒナゲシをかつてのようによく目にすることはなくなってしまったものの、その種の寿命は驚くほど長いので、花を見なくなって何年もたってからでも、汚れた土の中からしっかりと芽を出し、育っていくことができます。ケシが含まれるケシ属には、ほかにもいくつかの種が属しています。多年草にはハーブとしての価値はありませんが、ハーブ、あるいは医薬としての魅力を有する一年草が1種あるという事実を、多くの人が知りません。ケシからとれるアヘンをめぐって戦いもくり広げられてきました。したがってこれは、慎重に扱われなければならない植物なのです。

上：「ヒナゲシ」。
右：「ケシ」のタネと実。

栽培方法と注意点

　耐寒性のある一年草として栽培します。春、本来の場所にタネをまいてください。かなり広大な栽培場所を用意できれば、一重咲きの種は毎年確実に自然播種します。

ケシ属の基本情報

問題：アブラムシ。うどん粉病。べと病。

おすすめ品種：中央が黒く、赤い花をつける一重の「ヒナゲシ」。ここから派生

しているのがたくさんの栽培品種です。最もよく知られているのが「グビジンソウ」でしょう。一重か八重の花をつけます。赤、ピンク、白と多彩な色が見られますが、薄紫や黄色はけっしてありません。「ケシ」は南欧やアジアの種で、白、薄紫、あるいは紫の花をつけます。ときに八重もあります。

鑑賞ポイント：白から濃い紫や赤まで、種によって異なる多彩な色の一重または八重の花。葉にはほとんど魅力はありませんが、「ケシ」に見られる、ロウで覆われたような青緑色の葉と茎は、紙のような花と好対照をなしています。

場所と土：日当たりのいい場所。非常に水はけがよく、それでいて肥沃な土がいつでも一番です。ただし、より重い土で生育している野生の「ヒナゲシ」もよく目にします。

耐寒性：非常にあります。−20℃以下でも大丈夫。

大きさ：シーズン内で75㎝～1m×20㎝くらいまで大きくなります。

ケシ属の利用法

料理　「ヒナゲシ」と「ケシ」のタネはいずれも、パンやお菓子に用います。最良なのは「ケシ」のタネです。ただし、完全に熟したタネしか使えません。これはけっして忘れないでください。未熟なタネには毒があります。

料理以外　「ヒナゲシ」はありません。食中毒の恐れがないのは、「ケシ」の熟したタネだけです。未熟なタネが入った鞘から乳液が浸出し、それから生アヘン、モルヒネ、コデイン、ヘロインが採取されますが、こうした物質をむやみに使う危険は強調してもしすぎることはなく、多くの国が、「ケシ」の栽培を法的に規制しています。

Pelargonium spp.
テンジクアオイ属

長いあいだ、テンジクアオイはゼラニウムと混同されてきました。一番シンプルなちがいは、ゼラニウムが耐寒性で、テンジクアオイは不耐寒性という点です。そのため、テンジクアオイ属は基本的に耐寒性だと書かれている本を見ると、なんだか妙な気がします。さらに、テンジクアオイ属の植物はほぼ不耐寒性多年草で、概して屋内か温室で栽培されます。

栽培方法と注意点

冬は温室か、寒さをしのげる対応が必要です。炭酸カリウムの含有量が高い液体肥料を生育期間中に与えてください。鉢で栽培している場合は特にきちんとあげましょう。花は、しおれてきたらそのつど摘みとります。晩夏または初春に、やわらかい枝を挿し木にして増やしてください。ほとんどの種が、とても簡単に根づきます。

テンジクアオイ属の基本情報

問題： アブラムシ。イモムシ。

おすすめ品種： 香りの種類は多岐にわたり、似たような香りもたくさんありますが、花や葉が異なるので、必然的に選択肢はかぎられてきます。粘着性の葉を有する「フィリシフォリューム」という品種は、よくカタログに掲載されていますが、わずかに毒性があるので、ハーブとしての利用は避けてください。以下にあげるリストでは、最初に香りを示し、次いで特徴を記してあります。ほかにも、料理にうってつけの香りがいくつかあ

上:「テンジクアオイ」のエッセンシャルオイル。
左:「ペラルゴニウム・クエルキフォリウム」。

りますが（ヒマラヤスギの香りのするサラダなど、万人に好まれはしないでしょう）、それらはあまり特徴のないグループに属しています。

　「アターオブローズ」バラ、ピンクの花。「チョコレートペパーミント」ペパーミント、葉にチョコレート色の斑点。「シトリオドラム」柑橘類、薄紫の小花。「クロリンダ」ヒマラヤスギ、ピンクの大きな花。「コプソーン」ヒマラヤスギ、紫の花。「フラグランス」松、白い小花。「グラベオレンス」レモン、最もよく知られた香りの種で、ゼラニウムオイルの原料。「ジョイルシール」ペパーミント、白と藤色の小花。「レディーメアリー」ナツメグ、薄紫の花。「レディープリマス」レモン、斑入りの葉を有し、「グラベオレンス」の変種であることは有名。「リリアンポッテンジャー」松、白い小花と魅力的なやわらかい葉。「ロイヤルオーク」スパイシー、香料、藤色の花。

鑑賞ポイント：概して小さい、白、ピンク、紫、藤色の花。一般にとてもかわいい繊細な葉。切りこみの深さはいろいろです。斑入りのものもあります。

場所と土：培養土を入れた鉢が一番です。

耐寒性：ほぼありません。−5℃以上ないとダメです。

大きさ：種によって異なりますが、大半の種は、挿し木をしてから最初のシーズンのうちに30×25㎝くらいまで大きくなります。

テンジクアオイ属の利用法

料理　花または葉がサラダやケーキ、お菓子などに用いられますが、基本、お好みで使ってください。

料理以外　抽出オイルがアロマセラピーで用いられています。

Petroselinum crispum

パセリ

パセリのことはだれもが知っていますし、それにまつわるいい伝えを少なくともいくつか耳にしている人も多いでしょう。たとえば、パセリがよく育てば、その家では女性が主導権を握る、などです。また、パセリは気まぐれで、簡単には芽を出さないことがよくあるのも周知の事実ですし、二年草で、2年後には枯れてしまうことをご存知の方もいらっしゃるでしょう。パセリには、見た目も香りもまったく異なる品種があることを承知している人たちすらいます。けれど、この植物のことに詳しくてもそうでなくても、キッチンで重宝する、使い勝手のいい植物であることに意を唱える人はいないでしょう。

栽培方法と注意点

二年草として栽培します。温室内の小さな鉢か、本来の場所にタネをまきます。その後、極力丁寧に植え替えてください。発芽はゆっくりで、気まぐれです。列と列のあいだを25㎝ほど離して、みっしりと植えます。土は、少なくとも中性にはしておきますが、まだできていない場合は、タネまき機に少量の石灰を加えてください。タネまき機に熱湯を入れると、発芽抑制の可能性を除去するのに非常に効果があるともいわれていますが、酸性の土ではやはりうまくいかないでしょう。パセリは、堆肥が完全に乾いてしまわないよう気をつけていれば、鉢でもきちんと育てられます。

上:「モスカールドパセリ」。
右:生き生きした平らな葉のパセリ。

パセリの基本情報

問題：ニンジンサビバエ。ネアブラムシ。ウイルス。

おすすめ品種：「モス」や「カールド」といった名前がついているパセリなら、こぢんまりしていて、細かく縮れた濃い緑の葉と、適度な香りを有しています。「イタリアンパセリ」はまっすぐによく育ち、いい香りも有していますが、平らな葉は縮れていません。

鑑賞ポイント：しっかりと切りこみの入った、往々にして縮れた葉。これ以上ないほど濃い緑の葉をたっぷりと茂らせている多くの品種に、思わず見とれてしまうでしょう。

場所と土：日当たりのいい場所か非常に明るい日陰。肥沃で水はけのいい、できれば弱アルカリ性の土。

耐寒性：非常にあります。−20℃以下でも大丈夫。

大きさ：「モスカールド」種は2シーズン以内に15〜20×15〜20cmくらいになります。より生育のいい種なら60cmほどまでのびることがあります（当然ですが、2シーズン目に花が咲くまで残しておけば、すべての種がもっと大きくなります）。

パセリの利用法

料理　さまざまに利用されます。つけあわせとしてしか用いられないのはとても残念です。刻んだ葉は、ソースやスープに入れたり、冷肉、魚、チーズと調理したり、加熱した野菜とあわせたり、サラダに加えたりします。ちなみに、つけあわせのパセリは、おいしいのでかならず食べましょう。残すのはもったいないです。

料理以外　ほかの多くのハーブ同様、インフュージョンは葉からつくられ、健康にいいといわれています。生のパセリを食べれば、タマネギやニンニクの口臭を消してくれます。

Pimpinella anisum

アニス

セリ科のハーブは非常に多くがアニスのような香りと味を有しますが、これが本物です。けれど皮肉なことに、ほかの多くの種に比べ、栽培数ははるかに少ないのです。一年草だから、という理由もありますが、寒冷地の庭では、夏が短く、それでいて暑すぎるために、タネが十分に熟さないからでしょう。そのタネが、香りの主な源です。

栽培方法と注意点

春、本来の栽培場所にタネをまきます。非常に小さい植物なので、15～20cmくらいずつ離して、まとめてまいてください。

アニスの基本情報

問題：なし。

おすすめ品種：購入できるのは通常品種のみです。

左：アニス。
右：アニス果。

鑑賞ポイント：明るい緑色の、ストロベリーのような小さな下葉と、とても細かい切りこみの入った上葉。夏に咲く、白い小花をつける、かなり広がった散形花序。

場所と土：寒風をしのげる、日当たりのいい場所か非常に明るい日陰。肥沃で水はけがよく、弱アルカリ性の土。

耐寒性：ほぼありません。-5℃以上ないとダメです。

大きさ：1シーズン以内に45×25cmくらいになります。

アニスの利用法

料理　タネは、お菓子やチーズ、肉、ピクルスに甘みを付加します。これで風味を添えられるアルコール飲料もあります。花と葉はサラダに用いられ、根は、スープの香りづけに少量が加えられることがあります。

料理以外　肺感染症の緩和と、授乳期の母乳の出をよくするために用いられます。

Polygonum bistorta
イブキトラノオ

タデ属は大きな属ですが、その仲間は大半が雑草です。観賞用のハーブとして販売されているものの多くも、ありきたりの花をつけるだけで、秋には枯れます。しかしこのイブキトラノオにはハーブとしての魅力があるので、除外などできません。これは、近縁種に比べ繁殖力も強くなく、日陰への適応力もあります。

栽培方法と注意点

温暖な地域では、程度の差はあるものの美しい常緑草の絨毯が見られますが、秋には地上部を刈りこんでください。侵食させないためにも、この多年草は2、3年ごとに根を掘り返して株わけします。ハーブとして活用するのであれば、秋と春に根覆いをし、春、バランスのいい肥料

を与えてください。株わけをするか、自然に根づいたランナーを植え替るか、晩春、冷床に培養土を入れた鉢を置き、そこにタネをまいて増やします。

イブキトラノオの基本情報

問題：なし。

おすすめ品種：ハーブガーデンに最も適しているのは通常品種です。

鑑賞ポイント：夏、ピンクの小花が密生する棍棒のような花穂。三角形といえなくもない葉。

場所と土：日当たりのいい場所からまずまずの日陰まで。かなり肥沃で湿った土。ぐしょぐしょでも大丈夫。できればアルカリ性。

耐寒性：非常にあります。−20℃でも大丈夫。

大きさ：2年ほどのうちに1m×30㎝くらいまで大きくなります。

上：イブキトラノオの花穂。
左：イブキトラノオ。

イブキトラノオの利用法

料理 若い葉はサラダに用います。

料理以外 根のエキスは収斂剤に。マウスウォッシュや咳止めにも用いられます。

Portulaca oleracea
夏スベリヒユ

これは、冬スベリヒユ（p.102〜3を参照）の夏の種です。半耐寒性の一年草で、アジアでは長い栽培の歴史があります。その結果、昨今庭で目にする種は、野生種ではなく栽培品種です。野生種にはまとまりがなく、葉も細すぎてあまり価値はありません。いわゆるキッチンガーデンのスベリヒユはもっとみずみずしく、よくセダムとまちがわれます。葉が色づく種もあるので、庭の周縁に植えるといいでしょう。

上：夏スベリヒユ。
右：夏スベリヒユと、じっくり炒めたマッシュルームのサラダ。

栽培方法と注意点

半耐寒性の一年草として栽培します。晩春、本来の場所にタネをまきます。列と列のあいだは30cmあけ、タネは10〜15cm間隔でまいてください。

夏スベリヒユの基本情報

問題：なし。

おすすめ品種：基本的な緑の葉を有するものの種には、「コモン」や「キッチン」という名前がついています。葉が色づく特別種は「ゴールデン」か「イエロー」です。

鑑賞ポイント：太い茎につく、程度の差はあるものの丸く、かなり肉厚な小さい葉。夏に咲く、黄色い小花。

場所と土：日当たりのいい場所か非常に明るい日陰。まずまず肥沃で水はけのいい土。

耐寒性：ほぼありません。-5℃以上ないとダメです。

大きさ：シーズン内で15×25cmくらいになります。

夏スベリヒユの利用法

料理　パリッとした新鮮な葉はサラダに用いられることがありますが、大量に食べると利尿作用があるかもしれないので、ほどほどに。たくさんの東洋料理に用いられ、よく、酢漬けにしたものが供されます。

料理以外　利尿作用を活用した、医薬としてのちょっとした利用法があります。

Primula spp.
サクラソウ属

庭をよくしようと思ったら、サクラソウやキバナノクリンザクラを加えないわけにはいきません。とはいえ、ハーブガーデンで栽培されているのには、それなりの理由があります。どちらの種も、なんらかの形で食べることができ、古くから、その正しさが証明されている医薬としても用いられているのです。また、春の庭にこの花たちがもたらしてくれるさらなる喜びもあります。ただし、かならず本物の野生種を栽培してください（タネは集めたものではなく、購入したものを使います）。黄色い花の、すきとおった清々しい美しさは、色鮮やかな栽培品種のサクラソウにはないものです。

上：「サクラソウ」。

栽培方法と注意点

いったん根づけば、この多年草はほとんど手がかかりません。4、5年ごとに株わけをするだけでも元気になりますが、春には、バランスのいい肥料を軽く与えてください。増やすなら、株わけをするか、軽い培養土の表面にタネをまきます。なお、気温が20℃を超えないときに行なってください。

サクラソウ属の基本情報

問題： ハモグリムシ。ウイルス。キンケクチブトゾウムシ。根こぶ病。

おすすめ品種：「プリムローズ」は一重のくっきりとした黄色い花を、茎ごとに1

輪つけます。「キバナノクリンザクラ」は、下を向いた、鮮やかな黄色い花をたくさんつけます。唯一無二の植物です。

鑑賞ポイント： くり返す必要もないほどよく知られていることに加えて、「サクラソウ」と「キバナノクリンザクラ」には、相反する魅力が2つあります。ごちゃごちゃした場所でも育てられること。そして単体でも育てられることです。ただしどちらも、きっちり並べて植えようなどとは思わないでください。両種とも、自由奔放に成長するからです。

場所と土：「サクラソウ」が元気に育つのは、明るい場所からまずまずの日陰です。肥沃で、かなり重く、保水性のある土にしてください。「キバナノクリンザクラ」は、日当たりのいい場所が最適です。軽く、水はけのいい、アルカリ性の土を好みます。

耐寒性： 非常にあります。−20℃でも大丈夫。

大きさ： 2年後には10〜25㎝×10〜15㎝に達します。

左：「キバナノクリンザクラ」。

「サクラソウ」と「キバナノクリンザクラ」の利用法

料理 後者の葉はサラダに向いていますが、生の「サクラソウ」は少々苦味があります。ただし、野菜として調理すれば美味です。とはいえ、きちんとした食事をつくろうと思ったら、かなりの量が必要です。どちらの花もジャムに使われますが、やはり相当量を要します。「サクラソウ」の花を堪能するなら、サラダに入れる方がいいでしょう。

料理以外「サクラソウ」のすべての部位（ただし「キバナノクリンザクラ」はちがうようです）が、インフュージョンをつくるために使われます。これは、喉の疾患や頭痛の緩和に用いられ、概して非常に清々しい気分になれます。

Pulmonaria spp.
プルモナリア属

ラングワートは薬草剤の1種で、その葉が肺組織に似ているという事実をベースにして用いられてきました。科学的な根拠があるか否かは別にして、春に咲く多年草の中でも最も美しく、頼もしい花の1種ではあります。ラングワートの欠点は――この属のすべての種にもいえることですが――手をかけないと、たちまち庭を侵食してしまいかねないことです。けれど、この植物のすばらしさを考えれば、それくらいは大したことではないでしょう。

栽培方法と注意点

秋、地上部を刈りこんでから根覆いをし、初春に再度行います。春、バランスのいい一般的な肥料を与えてください。株わけで増やします。タネからでは、最良の種は育ちません。

左と右：満開の「ラングワート」。

プルモナリア属の基本情報

問題：なし。

おすすめ品種：最も一般的で古くからある種は「ラングワート」です。これには、「ケンブリッジブルー」と「ブルーミスト」という上質な変種があります。赤や白い花をつける種もありますが、プルモナリア属本来の魅力を失っているようです。「プルモナリア・サッカラータ」という見事な変種と、すばらしい混合種もいくつかあります。特に有名なのが「モーソンズブルー」でしょう。

鑑賞ポイント：ベルのような形をした小花。開花時はピンクですが、徐々に変化し、満開時には、やさしく、鮮やかで深みのある青になります。白、またはずっと赤いままの花をつける種もあります。葉は、ほとんどの種にきれいな斑点模様があります。触れると、毛に覆われているのがわかります。

場所と土：明るい日陰からまずまずの日陰まで。かなり肥沃で、乾燥していない土。

耐寒性：非常にあります。−20℃でも大丈夫。

大きさ：3年後には15〜25×30〜45cmに達します。

プルモナリア属の利用法

料理　なし。

料理以外　肺疾患の抑制に効果があるといわれているのを別にすれば、「ラングワート」が下痢の治療薬としてもすすめられています。

Reseda luteola

ホザキモクセイソウ

ホザキモクセイソウというのは、ホソバタイセイと同じ植物の名前の1つで、これを見ると、太古の昔、獣の皮をまとった毛むくじゃらの男たちのことや、長形墓、巨石群、焼畑農耕がしのばれます。この植物は、青色染料がとれるタイセイ属とまちがわれることもありますが、モクセイソウ属です。両者にはつながりがあり、ホザキモクセイソウからとれる黄色染料が、件の青色染料と混ぜあわされて、サクソングリーンといわれる第3の染料がつくられたことがありました。いずれの植物も大昔から使われていて、モクセイソウ属は、目をみはるようなものではないにせよ、そんなはるか昔の日々と、初期の植物栽培とのあいだに、けっして切れない絆を結んでくれているのです。

栽培方法と注意点

　二年草として栽培します。晩春か初夏、本来の場所にタネをまき、秋に間引けば、翌年花が咲きます。いったん適切な状態で根づけば、自然播種します。

ホザキモクセイソウの基本情報

問題：なし。

左と右：ホザキモクセイソウ。

おすすめ品種：購入できるのは通常品種のみです。

鑑賞ポイント：あまりありません。夏に咲く、淡い黄緑色の小花をつける長い花穂。細長い、ロウのような葉。

場所と土：日当たりのいい場所。まずまず肥沃で水はけのいい土が一番です。

耐寒性：非常にあります。−20℃でも大丈夫。

大きさ：2シーズン以内に75㎝〜1.2m×30㎝に達します。

ホザキモクセイソウの利用法

料理 なし。

料理以外 鮮やかな黄色染料の原料。

Rosmarinus officinalis
ローズマリー

ローズマリーは、すぐに見わけられる数少ないハーブの1種で、ハーブガーデンになくてはならない低木種です。残念なことに、ローズマリーは手をかけずにずっと放っておいて大丈夫なものと広く信じられているため、どこの庭にも、だらしなくのびて大きくなりすぎた不恰好な植物が見受けられますが、本来これは、1、2を争うほどかわいらしい小さな茂みになる、こぢんまりした種なのです。そう、ローズマリーはただ栽培するのではなく、丹精こめて栽培してください。

栽培方法と注意点

秋と春に根覆いをし、春、バランスのいい一般用かバラ用の肥料を与えます。花も少し切り落とすことになるかもしれませんが、刈りこんで形を整えましょう。あるいは毎春、古い枝の1/3を切って剪定してください。晩夏、蓋をして加温した育苗器の培養土に、やや成熟した枝を挿して増やします。

ローズマリーの基本情報

問題：なし。

おすすめ品種：品種は慎重に選んでください。種によって多様な習性、成長力、花の色があり、耐寒性もある程度ちがいます。庭づくりに欠かせないのは、

上：ローズマリー。

地中海原産のローズマリー種です。「アルビフロルス」は白い花をつけます。「ベネンデンブルー」(「コリングウッドイングラム」ともいわれます)は、淡い色の葉、青い花を有し、ほのかに柑橘系の香りがします。「マジョルカピンク」はピンクの花をつけますが、耐寒性はあまりありません。「ミスジェサップアップライト」は青い花をつける立性種です。「セバンシー」(ときどきまちがわれますが「セブンシー」ではありません)は、濃い紫の花を有するほふく性種で、耐寒性はあまりありません。「シッシングハーストブルー」は、鮮やかな美しい青い花をつけます。

鑑賞ポイント： 茎に密生する、針のように小さく細い緑の葉。夏、それと混じりあうようにしてたくさん咲く、通常青い小花。

場所と土： 日当たりのいい場所。多様な土で育ちますが、つねに最適なのは、肥沃で水はけのいい、弱アルカリ性です。重く湿った土はダメです。

耐寒性： かろうじてあり、-5℃から-10℃まで大丈夫なものから、-15℃まで大丈夫な耐寒性があるものまで、種によってさまざまです。

大きさ： 45×45㎝から、剪定しなければ2m×75㎝くらいまで大きくなるものもあり、種によってさまざまです。

上：新鮮なローズマリーの枝。

ローズマリーの利用法

料理 欠かせません。枝は、ご存知のように昔からローストラムのつけあわせとして使われていますが、ほかの肉にもよくあいますし、(花といっしょに)刻んで、サラダに入れてもいいでしょう。

料理以外 鎮痛剤と同様に、また血流改善による不快症状の緩和に用いられています。

Rubia tinctoria
セイヨウアカネ

これは、程度の差はあるものの、ほふく性またはつる性の多年草で、かなり数が少ない、薬効も有する染料植物の1種です。とても美しい植物、というわけ

ではありませんが、かつては広く栽培され、非常に重要な役割を果たしていたので、大きな意味でのハーブコレクションに収集する価値は十分にあるでしょう。なにより、つる性のハーブはとても希少ですから。

栽培方法と注意点

　秋と春に軽く根覆いをし、晩秋、地上部を刈りこみます。春、バランスのいい一般的な肥料を与えてください。夏、冷床の培養土にやや成熟した切り枝を挿すか、晩春、取り木をするか、冷床の培養土にタネをまいて増やします。

右：乾燥させた
セイヨウアカネの根。
左：セイヨウアカネ。

セイヨウアカネの基本情報

問題：なし。

おすすめ品種：購入できるのは通常品種のみです。

鑑賞ポイント：ほふく性またはつる性の茎。きれいに輪生する明るい緑の葉。夏、茎に沿って密生する黄色い小花。

場所と土：日当たりのいい場所から、明るいかまずまずの日陰まで。水はけのいい、かなり肥沃な土。重い土はダメです。

耐寒性：「ある」から「非常にある」まで。−15℃前後まで大丈夫です。

大きさ：2年後には1×1mくらいまで、かたまってよじ登ってきます。

セイヨウアカネの利用法

料理　なし。

料理以外　根は、赤や茶色に染めるアカネ染料の原料になります。それに加えて、泌尿器不全から便秘までの疾患治療薬をつくるためにも用いられています。

Rumex acetosa

ソレル

ソレルスープは知る人ぞ知るスープですが、その愛飲者の多くは、これがスイバ属の多年草であることなど知らなさそうです。スイバ属を雑草とみなすことも、厄介な雑草の中でも最も厄介な種の1つであると考えることもないでしょう。実際、ソレルがはびこりだしたら、厄介どころの話ではけっしてすみません。それでも、このスープはとてもおいしいのですが。

栽培方法と注意点

いったん根づいたら、ほぼ何もする必要はありません。ただし、成長をうながしたいのであれば、春、一般的な肥料を軽く与え、冬、枯れてきたら葉を刈りこみ、3、4年ごとに株わけしてください。

増やす場合は、株わけか根挿しをします。タネから増やすなら、初夏、冷床の培養土にまいてください。

ソレルの基本情報

問題：真菌斑点病。葉を食べる虫。

おすすめ品種：購入できるのは通常品種のみですが、ユリノキの葉に似た、小さな銀緑色の葉を有する、非常に近い種「フレンチソレル」が販売されることもときにあります。

鑑賞ポイント：大してありません。細長い葉とピンクがかったごく小さな花をつける花穂を有するだけの、小ぶりな雑草のようにしか見えないからです。

場所と土：日当たりのいい場所かまずまずの日陰。ほぼどんな土でも大丈夫ですが、重く湿った土だと、ほかのほふく性近縁種よりも耐性は低くなります。

耐寒性：非常にあります。−20℃でも大丈夫。

大きさ：2、3年後には60㎝〜1.2m×30㎝に達します。

上：ソレルスープ。
左：ソレル。

ソレルの利用法

料理 若葉は前述したスープやサラダに用いられます。また、かなり見た目が独特なソースのベースにもなります。ただし、古くなるにつれて苦味が出てきますから、使うのは若葉だけにしてください。

料理以外 葉のインフュージョンは、潰瘍の治療や泌尿器系の疾患にも用いられます。

Ruta graveolens
ヘンルーダ

ヘンルーダは、どんなハーブガーデンにも加える価値があります。ハーブの中ではめずらしくないにしても、その葉の形は美しく、色も独特だからです。この低木多年草には、ハーブとしての長い歴史もあり、料理にも使え、さまざまな薬効もあることから、広く用いられていますが、人によっては不快な症状、さらには危険な症状さえ引き起こすことがあるので、庭で栽培するハーブの中では非常に数少ない、とり扱いにかなりの慎重さを要する種の1種でもあります。

栽培方法と注意点

秋と春に根覆いをし、春にバランスのいい一般的な肥料を与えます。春、思い切って剪定しますが、冬場の寒害が出つくしてからにしてください。夏、やや成熟した切り枝を冷床の培養土に挿して増やします。

ヘンルーダの基本情報

問題：なし。

おすすめ品種：広く購入できるのは通常品種ですが、さらに魅力的な変種が2種あります。「ジャックマンズブルー」はよりコンパクトで、鋼のようなブルーの

左：ヘンルーダ。

葉を有します。「バリエガータ」の葉は、黄色がかったクリーム色の斑入りです。

鑑賞ポイント：大きなシダ類の葉に似た、細かい切りこみの入った葉。それとは不釣りあいに小さい、夏に咲く緑がかった黄色の花。

場所と土：日当たりのいい場所か明るい日陰。まずまず肥沃で水はけのいい、アルカリ性の土が一番です。

耐寒性：あります。−15℃くらいまでなら大丈夫です。

大きさ：2年以内に50〜75×30cmに達します。

左：ヘンルーダを用いたワイン。

ヘンルーダの利用法

料理　葉とタネは、ソースやドレッシングに苦味を付加するのに用いられます。ただし、使う場合は慎重に。

料理以外　葉のインフュージョンは昔から、傷や血液関係の諸症状の治療にいいといわれています。ただし、使用の際はかならず専門家の指導を受けてください。葉にも殺虫性があるため、妊婦には特に危険です。

Salvia spp.
サルビア属

サルビア属のないハーブガーデンなど、ハーブガーデンとはいえないでしょう。けれど、それをたくさん栽培している人は少なく、ほとんどの人が、ある種の植物を1種類だけでよしとしているのは、とても残念です。サルビア属にも、多様な葉の色があります。あまり耐寒性のない種もありますが、代表的なグループですから、ハーブガーデンを楽しむみなさんにぜひとも育てていただきたいものです。

栽培方法と注意点

　秋と春に根覆いをします。春、バランスのいい一般的な肥料を与えてください。花が色あせてきたら、枯れた花は摘みとり、春、思い切って剪定します。地上部を15-20㎝くらい刈りこんでください。この低木多年草は、夏、やや成熟した切り枝を冷床の培養土に挿して増やします。

サルビア属の基本情報

問題： なし。

おすすめ品種： 最も耐寒性があり、栽培も簡単なサルビア属は、「セージ」のすべての種です。基本となる緑の葉の種はコレクションに欠かせませんが、白い花をつける「アルビフローラ」も加えてください。単に「広葉」と称される、格段に葉が大きい種もあります。「イクテリナ」は、緑の葉に金色の斑入りです。「パープルセージ」は濃い赤紫の葉を有します。「パープルセージバリエガタ」は、と

右：「パープルセージ」。

にかくたくさん斑が入っています。基本的には「パープルセージ」と同じですが、大きな鋭角的な葉に見られるのは、ピンクとクリームがかった白い斑です。「トリコロール」は、淡い緑の葉に、ピンクと白の斑が入っています。近縁で有益な種は「クラリセージ」です。大きなノコギリ歯状の葉と、まっすぐな花穂を有します。庭によっては、二年草として育てられることもあります。「パイナップルセージ」は、耐寒性はあまりありませんが、ミントのような香りを有する、とても魅力的な種です。

鑑賞ポイント： 概して細長い葉は、触るとザラザラしますが、さまざまな色を見せてくれます。ほとんどの場合、シソ科特有の青紫の花を夏につけます。

場所と土： 日当たりのいい場所。軽くて水はけがよく、かなり肥沃なアルカリ性の土。

耐寒性： 種によりますが、ほとんどは、まずまずから非常にあります。−10℃から−20℃まで大丈夫です。

大きさ： 種によって異なりますが、2、3年後には30〜80×30〜45cmくらいになります。

上：新鮮な「セージ」の葉。

サルビア属の利用法

料理 「セージ」とタマネギの詰め物は、当然最もよく知られた「セージ」の活用法です。実際、葉は、多様な肉料理にとてもよくあいます。ただし、生でサラダに入れるのは、少々香りが強すぎますが、花なら、香りも見た目もサラダにぴったりです。

料理以外 医薬として多数用いられています。特に葉のインフュージョンは、消化促進に役立ちます。

Sanguisorba minor
サラダバーネット

これは、フランシス・ベーコンお気に入りのハーブの1種だったようです。この栽培しやすい多年草の葉は、ほのかなキュウリの風味と香りがするとのこと。キュウリの味かどうかはともかく、非常に小さな植物で、すべてのハーブガーデンにあるべき存在でしょう。

上：サラダバーネット。

栽培方法と注意点

根覆いをする場合は、春、ごく軽く行います。また、春にはバランスのいい一般的な肥料を軽く与えてください。晩春、冷床の培養土にタネをまいて繁殖させるのが一番です。

サラダバーネットの基本情報

問題： なし。

おすすめ品種： 購入できるのは通常品種のみです。

鑑賞ポイント： シダによく似た、切りこみの入ったノコギリ歯状の非常にかわいい葉。夏に咲く、小さな球状の頭花。

場所と土： 日当たりのいい場所。軽く、水はけのいいアルカリ性の土を好みます。

耐寒性： 非常にあります。−20℃でも大丈夫。

大きさ： 2、3年以内に25〜75×25cmくらいになります。丘の斜面で自生する種を見慣れている人にとっては、この大きさは驚きかもしれませんが、野生種は羊に食べられてしまうのです。

上：サラダバーネットの新鮮な小枝。

サラダバーネットの利用法

料理 サラダ、ソース、スープ、シチュー、キャセロールで料理した肉、夏の飲み物に用いられます。実際、本物のキュウリを使うのは難しい場合でも、これなら、心をそそられるキュウリの香りを添えることができます。

料理以外 葉のインフュージョンは、痔や腸の疾患の治療におすすめです。

Santolina spp.
サントリナ属

サントリナでもコットンラベンダーでもワタスギギクでも、好きに呼んでください。これは近年、ハーブとしてよりも観賞用としてよく目にするようになってきました。けれど、実はハーブガーデンでの長い歴史を有しているのです。地中海原産で、ノットガーデンをはじめとする、整形式庭園ではしばしば、周縁植物として用いられています。適切な栽培条件が整えば、この常緑低木多年草はすべてのハーブコレクションに入れられるにちがいありません。

栽培方法と注意点

秋と春に軽く根覆いをし、春、一般的な肥料を少し与えます。春になり、もうこれ以上寒害に見舞われることはないだろうと思ったときに刈りこめば、こぢんまりとした、一番きれいな形にできるでしょう。夏、冷床の培養土に、やや成熟した切り枝を挿して増やします。

サントリナ属の基本情報

問題：なし。

おすすめ品種：複数の種と多くの変種があり、いずれも魅力的です。最も一般的で、栽培の歴史が長いのは「サントリナ」です（糸杉のような葉を有します）。生き生きとした、鮮やかな黄色のボタンのような花をつけます。特別種には、はっきりとした銀白色の葉を持つ「ランブルックシルバー」や、草丈が低く、より

左：「サントリナ」。
右：「サントリナ」の花と葉。

こぢんまりとまとまる、淡い色の花をつける「レモンクイーン」などがあります。それ以外にも、よく知られた矮小種があります。「プリティーキャロル」です。「ピナータ」は羽根のような葉の形が一段と目立ちます。亜種「ネアポリタナ」は、銀のような葉と、とりわけ色の濃い黄色の花を有します。「エドワード・ボウルズ」と「サルファレア」は、ことのほか花の色が美しい特別種です。これら以外で最もすばらしいのは「サントリナ・ロスマリニフォリア」（ローズマリーに似た、一段と濃い緑の葉を有します）で、すべての種の中で最も魅力的でしょう。

鑑賞ポイント： 黄色い小花と、こぢんまりした、概して灰色か銀色がかった緑の葉とのとてもきれいな組みあわせ。

場所と土： 日当たりのいい場所。軽くて水はけがよく、あまり肥沃でもなく、それでいてやせてもいない土。

耐寒性：「まずまずある」から「ある」までです。−15℃くらいまでなら大丈夫。

大きさ： 3年後には30〜60×30cmに達します。

サントリナ属の利用法

料理　なし。

料理以外　内部寄生虫の治療から黄疸の緩和まで、医薬としてのちょっとした活用法が多数あります。

Saponaria officinalis
シャボンソウ

今日、庭で見るシャボンソウで最もよく知られているのは、ロックガーデンでしばしば目にする観賞用の種ツルコザクラです。けれど、栽培の歴史は天然種のシャボンソウの方が長く、貴重な石けんの原料もこのシャボンソウの方です。意外にもカーネーションと同じナデシコ科に属します。古代から、石けんの成分が含まれていることが知られていて、今日でも、特に繊細な年代物の布などを洗濯するときに使われています。その外見、用途、そして歴史ゆえに、選ばれし多年草なのです。

栽培方法と注意点

秋と春に根覆いをし、春、バランスのいい肥料を与えます。秋、色あせてきた頭花を摘みとり、地上部を刈りこんでください。夏、やや成熟した切り枝を冷床の培養土に挿すか、ランナーを植え替えて増

左：シャボンソウ。
右：「ロゼアプレナ」。

やします。春、冷床の培養土にタネをまいてもいいでしょう。

シャボンソウの基本情報

問題：アブラムシ。

おすすめ品種：通常品種でも十分にすてきですが、特別種もあります。「アルバプレナ」は八重咲きの白い花です。「ロゼアプレナ」はピンクの八重咲き。「ダズラー」は斑入りの葉です。

鑑賞ポイント：程度の差はあるものの、楕円形で先端のとがった、輪生するミッドグリーンの葉。夏に咲く、見た目も香りもカーネーションに似た、ピンクの一重の花。

場所と土：日当たりのいい場所。軽くて水はけがよく、かなり肥沃なアルカリ性の土。

耐寒性：非常にあります。−20℃でも大丈夫。

大きさ：2、3年後には50〜75×25cmくらいまで大きくなります。

シャボンソウの利用法

料理　石けん成分にもかかわらず、花はサラダに加えられることがあります。石けんのような香りはまったくせず、ちょっと変わった風味を添えてくれます。

料理以外　皮膚の洗浄剤と石けんをつくるため、熱湯抽出して使われます。

Satureja spp.
キダチハッカ属

キダチハッカ属の代表セイボリーといえば、食用ハーブと思われがちですが、この名前は、塩辛い料理「セイボリー」からきているわけではありません。キダチハッカ属には、外見と香りがよく似た種が2つありますが、一方は低木多年草で、もう一方は意外にも木質の一年草です。どちらも何世紀にもわたって用いられているものの、今日では、庭で目にすることが比較的少なくなっています。おそらく、よく似ている近縁種のタイムの方が浸透していて、こちらの方は、キッチンでの一番いい活用法を忘れられてしまったからでしょう。

左:「サマーセイボリー」。
反対ページ:「ウィンターセイボリー」。

栽培方法と注意点

「ウィンターセイボリー」は、秋と春に軽く根覆いをし、春、バランスのいい一般的な肥料を与えてください。春、寒害の危険が去ってから、軽く刈りこみます。夏、やや成熟した切り枝を冷床の培養土に挿して増やします。「サマーセイボリー」は、耐寒性の一年草として栽培し、春、本来の場所にタネをまきます。

キダチハッカ属の基本情報

問題：なし。

おすすめ品種：多年草の「ウィンターセイボリー」は「サツレヤ・モンタナ」。一年草の「サマーセイボリー」は「サツレヤ・ホルテンシス」です。

鑑賞ポイント：細長くのびた、濃い緑の小さな葉。夏に咲く、ピンクまたは白の非常に小さな花。

場所と土：日当たりのいい場所。軽くて水はけがよく、かなり肥沃なアルカリ性の土。

耐寒性：「まずまずある」から「ある」までです。−10℃から−15℃くらいまでなら大丈夫です。

大きさ：いずれの種も30〜45×25〜30㎝くらいまで大きくなります。

キダチハッカ属の利用法

料理　新鮮な葉は、サラダや調理した野菜にピリッとした風味を添えるために用いられます。

料理以外　インフュージョンは消化促進に、また口内洗浄剤としても使われます。

Scutellaria lateriflora
スカルキャップ

スカルキャップ――「頭蓋骨の帽子」などという名前のものを食べるなど、少しもワクワクしませんが、この不気味な名前は、花の形からきているだけです。さほど興味をそそられる種ではありません。薬効を有する、巨大なシソ科の仲間です。スカルキャップが属するタツナミソウ属そのものも巨大で、多くの種がハーブの特質を有していますが、かなり広範に役立つ種は1つだけです。

栽培方法と注意点

秋と春に根覆いをし、春、バランスのいい一般的な肥料を与えます。晩秋、地上部を刈りこみ、3、4年ごとに株わけしてください。この多年草は、株わけか、夏、やや成熟した切り枝を冷床の培養土に挿して増やします。

左：スカルキャップ。

左：インフュージョンに用いる、乾燥させたスカルキャップ。

スカルキャップの基本情報

問題：なし。

おすすめ品種：購入できるのは通常品種のみですが、「マーシュスカルキャップ」や「レッサースカルキャップ」などの近縁種や類似種もあります。

鑑賞ポイント：あまりありません。夏、丈の高い、分枝する茎につく、シソ科特有の唇状の青い小花。ザラザラした、ノコギリ歯状の葉。

場所と土：日当たりのいい場所から、明るいかまずまずの日陰まで。非常に重いか水浸しでなければ、ほとんどの土が大丈夫です。

耐寒性：非常にあります。−20℃でも大丈夫。

大きさ：3年後には75cm～1m×45cmくらいまで大きくなります。

スカルキャップの利用法

料理　なし。

料理以外　医薬としてのちょっとした活用法があります。中でも葉のインフュージョンは、ヒステリー症の治療に用いられます。

Sempervivum tectorum
ヤネバンダイソウ

英名「ハウスリーキ」の「ハウス」(「屋根」の意も)は、学名"tectorum"(「屋根に育つ」の意)からきています。「リーキ」は「ネギ」を指しますが、極端に視力の悪い人が、「ネギ」に似ているとかんちがいしたからでしょう。そして学名"Sempervivum"は、ラテン語で「つねに生きている」の意で、この植物が非常に長命なことから、永遠に生きていると信じた人がいたからにちがいありません。ヤネバンダイソウは、すべての多肉植物の中でも最もなじみのあるものの1種です。いまだに多くの人が驚くのですが、薬効を有していて、実際、まさにこれこそがヤネバンダイソウの栽培理由なのです(庭から屋根にまで広がっていったのも、おそらくこのためでしょう)。その後は、わざと屋根に植えられました。そうすることで、雷などの自然災害から守ってくれるとの、ちょっとかわったいい伝えからです。

左: ヤネバンダイソウ。
右: ヤネバンダイソウのクローズアップ。

鑑賞ポイント： 先端がピンク色をした、非常に多肉質の緑の葉が形成する、印象的なロゼット。夏に咲く、濃いピンクの花をつける太い花穂。

場所と土： わざわざ屋根に植える必要はありません。日当たりのいい場所ならどこでも大丈夫です。軽くて水はけのいい、できればやせた土が理想です。

耐寒性： 非常にあります。−20℃でも大丈夫。

大きさ： 2、3年後には8〜10×15〜20cmくらいまで大きくなります。

栽培方法と注意点

春、骨粉をごく軽く与えるだけで、あとの手入れは不要です。この多年草は、春、子株を植え替えて増やすことができます。

ヤネバンダイソウの基本情報

問題： なし。

おすすめ品種： センペルビブム属にはたくさんの種がありますが、もろもろのいい伝えのもとになっているのは、このヤネバンダイソウです。

ヤネバンダイソウの利用法

料理 調理されたり、生のままサラダに使われていましたが、渋みがあります。

料理以外 葉の汁液は、発疹、刺し傷をはじめ皮膚の擦り傷に用いると、鎮静、治療双方の効果を発揮します。

Sesamum indicum

ゴマ

ゴマのタネは非常によく知られていますが、ゴマという植物そのものに目がいくことはめったにありません。このような植物は、ごくわずかしかないでしょう。おそらく理由は2つあります。まず、ゴマのタネは簡単に購入できるので、自分で栽培する必要がないこと。もう1つは、この繊細な一年草は、暖かい時期にしかタネが実らないこと。けれど、だからといって、ゴマを栽培しない手はありません。唯一無二の存在なので、あなたもきっと自分のハーブガーデンに加えたくなるでしょう。

栽培方法と注意点

トウモロコシのように栽培します。春、加温した温室にタネをまいてください。その後、若い苗を寒さに慣れさせ、最後の霜がおりる危険が去ってから植え替えます。

右：ゴマの花。

ゴマの基本情報

問題：なし。

おすすめ品種：乾燥の工程を経てもまだ命あるタネを運よく手に入れられるとしても、購入できるのは通常品種のみです。

上：ゴマのタネ。

鑑賞ポイント：丈の高い、穀物に似た植物で、大きく広がる葉を有します。トランペットのような形をした、紫がかった白い花。暖かい環境で、細長い鞘の中にできるタネ。

場所と土：覆いをして暖かくした、日当たりのいい場所。上質で肥沃な、水はけのいい土。

耐寒性：ほぼありません。−5℃以上ないとダメです。

大きさ：シーズン内で1.5〜2m×75cmくらいまで大きくなります。

ゴマの利用法

料理　甘味と塩味、いずれの料理にも加えられます。とても香ばしいいい香りと、プチプチした食感が楽しめます。東洋の料理では、すりつぶしてペースト状にしたものも広く用いられています。

料理以外　タネには、泌尿器系の疾患を筆頭に、多様な医学的利点があるといわれています。

Sium sisarum
ムカゴニンジン

これはおもしろいハーブで、セリ科のハーブの中でも、西欧や地中海が原産地ではない、数少ない1種です。東欧種で、多くのほかの植物同様、それを持ち出したローマ人により、広く帝国中で栽培されましたが、根が肥厚した種がいつごろ誕生したのかはわかりません。

栽培方法と注意点
秋と春に根覆いをし、秋、地上部を刈りこみます。春にバランスのいい一般的な肥料を与えてください。この多年草は、株わけか、晩春、冷床の培養土にタネをまいて増やします。

ムカゴニンジンの基本情報
問題： なし。

おすすめ品種： ヌマゼリ属の種はいくつかありますが、選ぶのはムカゴニンジンにしてください。

鑑賞ポイント： 草丈が高く、セリ科特有の白い小花をつける散形花序。ほかの多くの種に比べると少ないものの、切りこみの入った葉。

上：食用のムカゴニンジンの根。
左：ムカゴニンジン。

場所と土： 日当たりのいい場所か明るい日陰。たいていの土が大丈夫ですが、一番いいのは肥沃なアルカリ性の壌土です。

耐寒性： 非常にあります。−20℃でも大丈夫。

大きさ： 2、3年で1.2〜1.5m×75cmに達します。

ムカゴニンジンの利用法

料理　肥厚した根は、キクイモと同じように調理して食されます。若い枝も、調理するとおいしいといわれています。

料理以外　このハーブの根と茎には、一般的な健康増進に役立つ力があるとのかなり漠然としたいい伝えがたくさんあります。

Smyrnium olusatrum

スミルニウム・オルサトゥルム

海辺に住んでいないなら、セリ科には黄色い花を有する種もあることを知らなくても仕方ないでしょう。白い花と羽根状の葉を有する種が多い中、黄色い散形花序と、ほとんど切りこみの入っていない大きな葉を有し、ほぼつねに海岸の近くに自生しているこの種を目にすると、きまってうれしい驚きをおぼえます。この多年草の英名「アレキサンダース」は、アレキサンダー大王からとられたものではありません。少なくとも、直接の関係はないでしょう。というのも、どうやらアレクサンドリアという都市に言及したものらしく、それゆえ、地中海の人々にとってかなり大事なものであることがうかがわれるからです。

栽培方法と注意点

秋と春に根覆いをし、春、バランスのいい一般的な肥料を与えます。秋、地上部を刈りこんでください。初夏に、株わけか、冷床の培養土にタネをまいて増やします。

スミルニウム・オルサトゥルムの基本情報

問題： なし。

おすすめ品種： 購入できるのは通常品種のみです。

鑑賞ポイント： 黄色い頭花と淡いライムグリーンの葉の組みあわせが魅力的です。

場所と土： 日当たりのいい場所からまずまずの日陰まで。できれば肥沃で、水浸しではなく湿った土。

耐寒性： まずまずあります。−15℃くらいまでなら大丈夫。

大きさ： 2年で90㎝〜1.2m×60㎝くらいまで大きくなります。

左と右： スミルニウム・オルサトゥルム。

スミルニウム・オルサトゥルムの利用法

料理　多種多様な用途があります。若い葉はサラダに、若い枝は野菜のように調理し、根はパースニップかハンブルグパセリのように茹で、花はサラダに、タネはピリッとした風味づけに用います。タネは、コショウがなかなか手に入らなかった時代、すりつぶしてその代用品としていました。

料理以外　なし。

Stachys officinalis
ベトニー

ベトニーと称され、イヌゴマ属としても知られる植物が数種類ありますが、いずれもそれなりのおもしろさはあるものの、さほど魅力的ではありません。ここでとりあげる多年草ベトニーの場合、長いあいだ、医薬として広範に用いられてきたハーブであることが魅力でしょう。また、さまざまな地域で、簡単に手に入るタバコの代用品として用いられました。この活用法は、第二次世界大戦時、本物を入手するのが難しかった際に復活したものです。

左：ウッドベトニー。
右：ベトニーの紫色の花。

栽培方法と注意点

秋と春に軽く根覆いをし、春、バランスのいい一般的な肥料を与えます。秋、地上部を刈りこんでください。初夏、株わけするか、冷床の培養土にタネをまいて増やします。

ベトニーの基本情報

問題： なし。

おすすめ品種： 広く購入できるのは通常品種ですが、さしてめずらしくもない特別種が一応2種あります。白い花をつける「アルバ」と、ピンクの八重の花をつける「ロゼアプレナ」です。

鑑賞ポイント： ワクワクするようなものはあまりありません。丈の高い茎の先に咲く、明るいピンクの唇状の花。かなり大まかなノコギリ歯状の葉。オドリコソウの葉を少しのばしたような感じです。

場所と土： 日当たりのいい場所からまずまずの日陰まで。できればかなり肥沃で、水浸しではない湿った土。

耐寒性： 非常にあります。−20℃でも大丈夫。

大きさ： 2年で60㎝〜1m×30〜45㎝になります。

ベトニーの利用法

料理　なし。

料理以外　タバコの代用品以外では、偏頭痛の緩和や、外傷治療などのさまざまな血液関連の症状に効果を有する薬剤をつくるために用いられてきました。

Stellaria media
コハコベ

まっとうな園芸家なら、意図的にコハコベを栽培するような真似はまずしません。ただ、このすてきな自生植物の存在は、悪くはありません。まあ、おもしろいことでもないでしょうが。この植物の自生は、土に窒素が豊富に含まれていることを意味します。それに、食べられる雑草を無視することなどだれにできるでしょう。コハコベだけで見れば、こぢんまりとしたとてもかわいい植物で、広大なハーブガーデンの片隅で栽培する分には、おそらくなんの害もなしません。役にも立ちますし、とりわけ、意外とおいしい植物なのです。

上：コハコベ。
右：コハコベは、おいしい雑草でもあります。

栽培方法と注意点

一年草として栽培します。本来の場所にタネをまけば、その後は自然播種します（ちゃんと止めてください！）。余分な実生を引き抜きさえすれば、区画外に広がることはないでしょう。

コハコベの基本情報

問題：なし。

おすすめ品種：通常品種は広く購入できます。供給が需要をはるかに上回るほど、あまねく手に入ります。

鑑賞ポイント：ほふく性の、可憐で小さな明るい緑の葉。非常に小さい白い花。

場所と土：日当たりのいい場所から明るい日陰まで。ほぼどんな土でも大丈夫ですが、肥沃で、（水浸しにならない程度に）湿気があればあるほど栽培には適しています。

耐寒性：非常にあります。−20℃でも大丈夫。

大きさ：シーズン内で1つの苗が成長して、30×30cmくらいのかたまりになります。

コハコベの利用法

料理　生のままサラダに用います（野菜の区画に侵食してきたコハコベをとりながら口に入れる園芸家もいます）。たっぷりの量があるなら、軽く蒸して、野菜として供してもいいでしょう。今度パーティーをするときにぜひ出してみてください。今食べているのは、よく庭にある雑草だと告げたときの、客人たちの顔が楽しみです。

料理以外　外傷治療と炎症抑制の湿布をつくるために用いられます。

Symphytum officinale
コンフリー

コンフリーは、希少価値がある植物の1種です。多くの園芸家が、あえて堆肥の山で栽培します。有機栽培をする有志のあいだでは、この方法がほぼ絶対視されています。コンフリーは、ほかのどんな植物よりも肥料として高い栄養価を有していると概して信じられているからです。栄養価の有無はわかりませんが、多年草のコンフリーはまちがいなく食せます。にもかかわらず、ハーブガーデンの一画を占めているのは、その薬効ゆえなのです。

栽培方法と注意点

秋と春に根覆いをし、春、バランスのいい一般的な肥料を与えます。秋、地上部を刈りこんでください（あるいは、必要に応じて葉を大量に刈りとってください。根茎から、庭を侵食するほどの勢いで再び成長してきます）。秋、株わけして増やします。

コンフリーの基本情報

問題：なし。

おすすめ品種：ハーブガーデンに適しているのは通常品種の「コンフリー」ですが、ほかにも、それより多少魅力的な種が購入可能です。堆

肥づくりに関心があるなら、「ボッキング」という特別な種を選びます。有機園芸の卸売業者から購入できます。

上：コンフリーはしばしば皮膚疾患の治療に使われます。
左：コンフリー。

鑑賞ポイント： あまりありません。大きくてかたく、ゴワゴワした葉を有する、大きくてかたい植物です。ぶら下がっているのは、赤と青の小花です。ムラサキ科のほかの多くの種と同じで、植物全体に対して花が小さすぎる感じです。

場所と土： 日当たりのいい場所。かなり肥沃で、湿っているけれど水浸しではない土。

耐寒性： 非常にあります。−20℃でも大丈夫。

大きさ： 2年で1〜1.5m×60cmに達します。

コンフリーの利用法

料理 若い葉はサラダに用いたり、野菜として調理されることがありますが、若い葉でさえかたくて、あまりおいしくはありません。

料理以外 皮膚用製品が葉からつくられ、発疹や皮膚炎などの炎症の治療に用いられます。

Tagetes patula
フレンチマリーゴールド

フレンチマリーゴールドには、大いに責任をとってもらうべきことがあります。第一に、すさまじい数の一代雑種アフリカン系とフレンチ系、それにアフロ・フレンチ種を、あまりにも多くの園芸家に知らしめたこと。おかげで、毎年夏になるとタネ市場と多くの庭がマリーゴールドだらけになるのです。そしてもう1つが、その根からの分泌物がある種の線虫を抑制するため、まったく関係のない、多様な庭の害虫や病気に対する万能薬としてもすすめられるようになってしまったこと。これは、まぎれもない事実です。とはいえ、この植物には多彩なおもしろさがあるのも確かで、だからこそここに掲載しているのです。

栽培方法と注意点

半耐寒性の一年草として栽培します。春、温室に苗を植えて寒さに慣れさせ、霜がおりる危険が去ってから植え替えてください。

フレンチマリーゴールドの基本情報

問題： なし。

おすすめ品種： 大きな花をつける雑種より、小さな花をつける種の方が魅力的です。

鑑賞ポイント： 細かい切りこみの入った、シダのようなかわいい葉。夏に見られるヒナギクのような小花は、鮮やかな黄色の八重咲きです。

場所と土： 日当たりのいい場所。かなり肥沃で湿っているものの、水はけのいい土。

耐寒性： ほぼありません。−5℃以上ないとダメです。

大きさ： シーズン内で25〜30cmに達します。

上：マリーゴールド（トリプロイド種）。
左：フレンチマリーゴールド。

フレンチマリーゴールドの利用法

料理 なし。

料理以外 医薬としては用いられていませんが、花からは黄色の染料がとれます。葉には、後天性の心地いい香りがあり、ポプリに活用されています。

Tanacetum balsamita
コストマリー

キク科の基準からしても、コストマリーの花は貧相で、パッとしないノボロギクのそれによく似ていますが、そのハーブとしての価値と、長く興味深い歴史ゆえに、栽培する価値は十分にあります。しかもそのハーブの活用法は、最もおもしろいといわれるものの1つです。清教徒たちが、北米への入植の際に持っていったと伝えられています。この葉をかんでいれば、長く退屈な説教の時間をうまくやりすごすことができたからだそうです。ちなみに、英名「エールコスト」の「エール」は、かつてはビールの風味づけにも用いられていたことに由来し、「コスト」はスパイシーなハーブを意味します。

栽培方法と注意点

秋と春に根覆いをし、春、バランスのいい一般的な肥料を与えます。秋、地上部を刈りこんでください。晩春、冷床に培養土を入れた鉢を置き、そこにタネをまいて増やします。

コストマリーの基本情報

問題： なし。

おすすめ品種： 購入できるのは、普通は通常品種のみです。

鑑賞ポイント： ほぼありません。

場所と土： 日当たりのいい場所。軽いけれどまずまず肥沃で、水はけのいい土。

耐寒性：「ある」から「非常にある」までです。−15℃から−20℃くらいまでなら大丈夫です。

大きさ： 90×45cmくらいです。

コストマリーの利用法

料理 若い葉を刻んで肉料理や詰め物、スープに用いれば、ほのかな苦味を添えられるでしょう。

料理以外 インフュージョンが風邪や刺し傷などのちょっとした傷病の緩和に用いられます。また、出産も促進します。

左： コストマリー。
右： コストマリーのお茶。

Tanacetum cinerariifolium
シロバナムシヨケギク

黄色と白の花。細かい切りこみの入った葉。一見するとこのシロバナムシヨケギクは、一重のヒナギクにとてもよく似ています。けれど、この名前にききおぼえがあるのは、この花が長いあいだ、比較的安全な殺虫剤（哺乳類には無害です）の原料として使われてきたからです。そんな大事な理由があるので、この一覧に掲載しています。この多年草には、料理としてもそれ以外でも、直接の活用法はありません。有効成分の抽出は難しいものの、乾燥させてすりつぶした花には、はいまわる虫を抑制する効果がかなりあります。

右：満開のシロバナムシヨケギク。

栽培方法と注意点

　秋と春に根覆いをし、春、バランスのいい一般的な肥料を与えます。秋、地上部を刈りこんでください。春、株わけか、本来の場所にタネをまいて増やします。

シロバナムシヨケギクの基本情報

問題：なし。

おすすめ品種：購入できるのは通常品種のみです。

鑑賞ポイント：中央部のオレンジと白い舌状花からなる、典型的な一重のヒナギクのような花。細かい切りこみの入った、羽根のような葉。

場所と土：日当たりのいい場所。軽いけれどまずまず肥沃で、水はけのいい土。

TANACETUM CINERARIIFOLIUM・シロバナムシヨケギク

耐寒性：「ある」から「非常にある」までです。−15℃から−20℃くらいまでなら大丈夫です。

大きさ：2年後には80×40cmくらいになります。

シロバナムシヨケギクの利用法
料理　なし。
料理以外　なし。

Tanacetum parthenium
フィーバーフュー

この葉をかむと、多くの偏頭痛の苦しみが嘘のように緩和されます。非常に意義のある薬効ですが、それはそれとして、フィーバーフューはとてもかわいらしい植物です。白とオレンジの、ヒナギクのような花をたくさんつけます。中でも特に、金色の葉を有する種はすてきです。繁殖を考慮し、自然播種をほんの少しだけ積極的に行うこの多年草は、とても立派な植物です。

栽培方法と注意点

秋と春に根覆いをし、春、バランスのいい一般的な肥料を与えます。秋、地上部を刈りこんでください。春、株わけか、本来の場所にタネをまいて増やします。

フィーバーフューの基本情報

問題: なし。

おすすめ品種: 広く購入できるのは通常品種のみですが、金色の葉を有するさらにかわいい品種「オーレウム」は、タネから育てられます。さまざまな名前がつけられた、真っ白な八重の花をもつ種で、よく目にします。この種の葉も、偏頭痛の治療に効果があります。

上と左：フィーバーフュー。

場所と土：日当たりのいい場所。軽いけれどまずまず肥沃で、水はけのいい土。

耐寒性：「ある」から「非常にある」までです。−15℃から−20℃くらいまでなら大丈夫です。

大きさ：2年後には60×20㎝くらいになります。

フィーバーフューの利用法

料理　葉はサラダに用いられます。風味づけにも利用されますが、かなり苦味があります。

料理以外　新鮮な葉は、偏頭痛の発生を減らすために用いられます。葉だけをそのままかむと、唇がヒリヒリするそうなので、通常は、3、4枚の新鮮な葉を毎日サンドイッチにはさんで食べることをおすすめします。

Taraxacum officinale
タンポポ

初夏、一面に咲いたタンポポの眺めに匹敵するものはそうはないでしょう。たとえそれが、あなたの家の芝生であってもです。フランス料理ではおなじみのタンポポの葉は、すばらしくおいしい食材です。これこそまさに、有害と評されることの多いこの多年草の、ハーブとしての汎用性を示す一例でしょう。

栽培方法と注意点
問題は、いかに規制するかです。一番いいのは、セイヨウワサビと同じようにすることです（p.68-9を参照）。正方形の底のないコンテナを土の中に埋め、その中で栽培します。その後、毎春、根を引き抜き、小さな根を植え替えてください。蔓延しないよう、タネはとりのぞきます。

タンポポの基本情報
問題：なし。

おすすめ品種：料理用の特別な種が購入できます。

右：タンポポ。
次ページ：若いタンポポの葉のサラダ。

鑑賞ポイント：あまりにもよく知られているので、詳細な説明は不要でしょう。鮮やかな山吹色の花。ノコギリ歯状に深く切りこみの入った葉（英名「ダンデライオン」は、「ライオンの歯」という意味のフランス語に由来します）。

場所と土：日当たりのいい場所から非常に明るい日陰まで。強酸性か強アルカリ性以外なら、ほとんどの土が大丈夫です。

耐寒性：非常にあります。-20℃でも大丈夫。

大きさ：栽培条件によって、シーズン内に10〜30×10〜20㎝くらいまで大きくなります。

タンポポの利用法

料理　若い葉をサラダに入れるとおいしく、軟白栽培したものならさらにやわらかい食感も楽しめます。乾燥させた根も、挽いてコーヒーの代用品にされることがあります。少なくとも、チコリと同じくらいのおいしさはあります。

料理以外　医薬としての活用法がかなりあるといわれています。葉からつくられるのが皮膚の治療薬です。根を用いた製剤は、特に便秘と不眠症の緩和に効果があります。

Thymus spp.
タイム属

タイム属は、一般的なハーブの中でも最もよく知られた1種であると同時に、評価と理解が最も低い1種でもあります。あまりにも多くの園芸家が、不適切な品種や変種を栽培しています。料理に用いる品種が必要なところに観賞用の種があったり、本当はこぢんまりした茂みがほしいのに、ほふく種を育てていたり、といった具合です。けれど、多くの品種の中から、自分が本当に望むものをきちんと選んだかどうかはさておき、ハーブガーデンといいながら、実際にはタイム属がいっさいない庭は、明らかにその名にふさわしくはないでしょう。タイム属は、古代から栽培され、記録され、歌に歌われ、ほめたたえられてきました。そして、人々と庭とのかかわりがはじまった最初から、庭の一角を占め続けているのです。

左:「タイム」。
右:新鮮な「タイム」の小枝。

栽培方法と注意点

　いったん根づいてしまえば、ほぼ手はかかりませんが、秋と春に軽く根覆いをし、春、バランスのいい一般的な肥料を少量与えるのが一番です。晩夏、やや成熟した切り枝を、冷床の培養土に軽く挿して増やします。これは1年おきに行うのが最適で、その翌年、親株を子株と植え替えてください。低木多年草の種は、タネから育てることもできますが、残念ながら手に入るタネはいずれも概して、だらしなく広がる野生種のものです。つねに最高の品種を求めるのなら、やはり挿し木で増やすのが一番でしょう。しかも、かなり簡単にできます。

タイム属の基本情報

問題：なし。

おすすめ品種：タイム属は、およそ100種類もの品種や変種がかなり広範に手に入るので、ここでは、ハーブとして最も重要なものだけをとりあげていきます。「レモンタイム」はレモンの香りがする、ごちゃごちゃした小さな低木で、淡いピンクの花をつけます。一番いい種は色鮮やかな葉を有する変種でしょう。「ゴールデンクイーン」は金色の葉をつけます。「シルバークイーン」は茂みというよりもほふく種タイプで、その葉はふぞろいな斑入りです。ほかにも、「ドーンバレー」「アーチャーズゴール

「ド」「バートラムアンダーソン」といった変種を、観賞用としてよく目にします。

「キャラウェイタイム」は、アーチ状にわずかに広がるほふく種で、キャラウェイの香りを有します。

「ブロードリーフタイム」は在来種で、より大きく広い葉を有し、典型的なタイムのいい香りがします。

「ウーリータイム」は、明るいピンクの花と、毛に覆われた葉を有するほふく種です。

「クリーピングタイム」の「ピンクチンツ」は、灰緑色の葉とピンクの小花の房を有します。

「コモンタイム」はいわゆる野生のタイムで、だらしなく広がっていますが、とても強い香りです。選ぶなら、こぢんまりした茂みのような形の「シルバーポジー」が最適です。斑入りの葉を有し、料理用のタイムの品種の中では最高だと多くの人が考えています。

鑑賞ポイント： つねに新鮮な緑、銀、あるいは金色の葉。ピンクの小花。ただし種によっては白もあります。

上：新鮮なタイムで魚に風味づけ。
左：「クリーピングタイム」の「ピンクチンツ」。

場所と土： 日当たりのいい場所。軽いけれどまずまず肥沃で、なおかつ非常に水はけのいい土。中性か弱アルカリ性が理想。

耐寒性：「ある」から「非常にある」までです。−15℃から−20℃くらいまでなら大丈夫です。

大きさ： 種によってさまざまです。小ぶりなほふく種は5×25cmくらい。もっと生育のいい低木種は45×25cmくらいです。

タイム属の利用法

料理 刻んだ葉と花は、お好みでほぼどんな料理にも加えられますが、特におすすめなのはサラダや詰め物に用いることです。肉料理にもいいでしょう。より甘い香りを有する種であれば、デザートにも使えます。

料理以外 葉のインフュージョンには非常にリフレッシュ効果があり、喉の痛みや頭痛を緩和することもできます。

Trigonella foenum-graecum
コロハ

昨今、気づかずにコロハを食べている人がとてもたくさんいます。東洋のレストランでは、それとは告げずにコロハのスプラウトを用いているからです。コロハは、何世紀にもわたって実にさまざまな形で利用されており、薬効を別にしても、家畜用の農作物として、マメ科のほかの仲間と同じように広く栽培さ

れています。南欧とアジアの広範な地域で、天然分布しています。つまりこれは、ギリシャ人にとっても、遠く離れた南インドに暮らす人々にとっても、コロハが等しく重要であったことを物語っているのです。その起源からもわかるように非耐寒性ですが、一年草なので、ハーブガーデンでの栽培に問題はありません。

栽培方法と注意点

　半耐寒性の一年草として栽培します。春の半ば、本来の場所に、20cm間隔できれいに並べてタネをまいてください。

右：コロハのタネ。
左：コロハ。

コロハの基本情報

問題：なし。

鑑賞ポイント：あまりありません。クローバーのような三つ葉。夏に咲く、黄色がかったマメのような形の小花。

場所と土：日当たりのいい場所。軽くてまずまず肥沃ながら、水はけのいい、できればアルカリ性の土。

耐寒性：ほぼありません。−5℃以上ないとダメです。

大きさ：よじ登る習性があることから、ゴチャゴチャしたままのびて、60〜75㎝になります。

コロハの利用法

料理　スプラウトが、東洋をはじめとするさまざまな料理に用いられます。成長したコロハは、ホウレンソウと同じように野菜として調理されます。ローストして粉末にしたタネは、カレーなどのスパイスとして利用されます。

料理以外　生のままでもインフュージョンでも、そのすっきりとした香りが、鼻詰まりや頭痛などの不快症状を緩和してくれます。すりつぶしたタネでつくる飲み物は、見るからにまずそうですが、誇張を緩和するといわれています。

Tropaeolum majus
ナスタチウム

店頭に並べるサマーサラダに、ナスタチウムの花を加えてくれたスーパーマーケットの冒険心には感謝します。ほとんどの人にとって、花を食べるきっかけとなっているのが、往々にしてこの鮮やかなオレンジ色の花です。エディブルフラワーはこれだけではありませんが、この一年草ほど魅力的で育てやすかったり、庭に見事な斑点模様を描きだせる植物は、そうはないでしょう。

栽培方法と注意点

春にタネをまき、苗が根づくまで肥料を与えた後は、何もしなくて大丈夫です。

ナスタチウムの基本情報

問題： アブラムシ。大きな白いチョウの幼虫も。

おすすめ品種： たくさんの種が観賞用に販売されていて、いずれも食べられます。庭に植えるのであれば、「トールミックス」や「ジャイアントクライミングミックス」などの、ほふく性やよじ登るタイプの種が一番です（ナスタチウムは、想像力に富んだ名前の恩恵には浴していません）。ただそれ以外にも、八重咲きの矮小種や斑入りの種もあります。

鑑賞ポイント： 独特です。鮮やかなオレンジや黄色、赤、クリーム色の大きな花。通常は一重です。大きくて丸い、濃い緑の葉。上へ上へとどんどん成長していきます。

場所と土： 日当たりのいい場所。軽くてやせた土。肥沃な土だと、花があまり咲かず、葉だけがたくさん茂っていきます。

耐寒性： ほぼありません。−5℃以上ないとダメです。

大きさ:より丈の高い種だと、シーズン内で最長3mに達します。

ナスタチウムの利用法

料理　花とつぼみは、サラダに用いれば、独特なやさしい風味を添えることができます。けれどより大事なのは、緑ばかりのほかの食材との鮮やかなコントラストを描くことです。タネの入った若い鞘も食べられますが、風味がかなり強く、見た目はさほど美しくありません。

料理以外　なし。

上:フェンスに沿って上へ上へとのびていく庭のナスタチウム。
左:ナスタチウムのエディブルフラワーを添えたサラダ。

Tussilago farfara
フキタンポポ

英名は「子馬の足」の意で、葉が蹄の形をしていることに由来します。この多年草は、欧州とアジアが原産ですが、南米や北米でもよく目にします。

栽培方法と注意点

手入れはほぼ不要です。ただし、2年ごとに掘り返して株わけしてください。さもないと、あっというまに庭を侵食してしまいます。晩春のうちに、冷床に培養土を入れた鉢を置き、そこに根の一部を植

えるかタネをまき、それを株わけして増やします。

フキタンポポの基本情報

問題： なし。

おすすめ品種： 購入できるのは通常品種のみです。

鑑賞ポイント： むき出しの、太いうろこ状の茎の先につける、かなり小さいものの鮮やかな黄色の格段にかわいい花。程度の差はあるものの丸い、大きな葉。裏が毛で覆われていて、花に次いで土から顔を出します。

場所と土： 日当たりのいい場所か明るい日陰。ほぼどんな土でも大丈夫です。やせた土でも、かなり湿った重い土でも育ちます。

耐寒性： 非常にあります。−20℃でも大丈夫。

大きさ： 2年以内に30×45cmくらいまで大きくなります。

上：フキタンポポの花でいれたハーブティー。
左：フキタンポポ。

フキタンポポの利用法

料理　若い葉は、刻んだ花といっしょにサラダに用いられることがあります。

料理以外　インフュージョンが鼻詰まりや咳の緩和に用いられます。

Urtica dioica
ネトル

少し前まで、あえてネトルを栽培する人は、いささか変わっていると見なされていました。その後、野生生物の保護が時流となり、ネトルが最も美しいチョウのエサになることもわかってきました。すると、今度はだれもが栽培してみたいと思うようになったのです。また、戦時中から戦後にかけて、普通のビールが手に入らなかったとき、かわりに求められたのもネトルでした。さらに、ある時期にはほとんどの部分が食べられていましたし、青銅器時代には、茎から丈夫な織物がつくられてもいたのです。

栽培方法と注意点

この多年草は、いったん根づけばほぼ手入れは不要です。ただし、あっというまに庭を侵食してしまうので、土に垂直に埋めた石板で囲って栽培するのが一番です。あるいは毎秋、掘り返して株わけしてください。株わけか、春、本来の場所にタネをまいて増やします。

右：ネトル。

右：昔から、新鮮な春の葉でつくられるネトルスープ。

ネトルの基本情報

問題：なし。

おすすめ品種：購入できるのは通常品種のみです。

鑑賞ポイント：明らかに平凡な植物です。ただし、全体にゴワゴワして見えるのは、非常に嫌な刺毛に覆われているせいなのを考えなければ、緑がかった尾状花序のような花はそこそこ魅力的です（ちなみに、このチクチクする感じは、調理をすればまったくわからなくなります）。

場所と土：日当たりのいい場所からまずまずの日陰まで。たいていの土が大丈夫ですが、一番いいのは、肥沃で湿った壌土です。

耐寒性：非常にあります。−20℃でも大丈夫。

大きさ：いい土で育てれば、2年以内に1m×30cm以上になります。

ネトルの利用法

料理 若い葉と枝は、栄養価が高く、まずまずおいしい野菜として調理されることがあります。また苗は、ネトルビールの原料として使われることもあります。

料理以外 若い葉のインフュージョンからつくられるのは、一般的な「滋養強壮剤」です。

Valeriana officinalis
バレリアン

バレリアンは、ベニカノコソウ（レッドバレリアン）とまちがわれることがあります。ベニカノコソウはバレリアンよりも大きく、程度の差はあるものの、葉に切りこみはなく、薬効もほぼありません。ですがバレリアンは、世界の多くの国で、多様な目的のために、何世紀ものあいだ用いられてきたのです。中には、異様とまではいわないものの、かなり独特な香りにかかわる用途もありました。

左：バレリアン。
右：乾燥させたバレリアンの根。

栽培方法と注意点

　秋と春に根覆いをし、春、バランスのいい一般的な肥料を与えます。秋、地上部を刈りこんでください。この多年草は、株わけで増やします。ただし、根茎が傷つきやすいので、慎重に行う必要があり、春のあいだに、冷床の培養土にタネをまく方がいいでしょう。

バレリアンの基本情報

問題： アブラムシ。

おすすめ品種： 購入できるのは通常品種のみです。

鑑賞ポイント： 長くのびる茎の先につける、淡いピンクの小さな頭花。切りこみの入った葉。かわいいけれど、ずば抜けて、というわけではありません。

場所と土： 日当たりのいい場所からまずまずの日陰まで。ほとんどの土が大丈夫ですが、一番いいのは、かなり肥沃なオーガニックの土です。

耐寒性： 非常にあります。−20℃でも大丈夫。

大きさ： 2、3年で1〜1.5m×50cmくらいまで大きくなります。

バレリアンの利用法

料理 根は、野菜のように調理したり、肉料理やスープ、シチューに、(かなり独特ではあるものの)風味を添えるために用いられることがあります。

料理以外 根のエキスを用いた製剤は、不眠症から極度の疲労まで、あらゆる症状を治すといわれていますが、同じ物質が、ネコやネズミ、ミミズをおびき寄せるものとしてすすめられてもいるので、あまり薬として服用してみたくはないかもしれません。

Verbascum thapsus
モウズイカ

これは、まちがえようのない植物です。二年草なので、黄色とオレンジの花をびっしりつける丈の高い花穂がたった2年しかもたないのは、非常に残念です（ちなみに、多少魅力は劣るという人もいるかもしれませんが、ピンクの花をつける栽培品種もあります）。だからといって、これだけのすばらしい観賞用の植物から目をそむけることなどとてもできませんし、このモウズイカには、大昔から薬効も備わっているのです。

栽培方法と注意点
　二年草として栽培します。春、冷床に培養土を入れた鉢を置き、そこにタネをまいてください。その後、晩夏に開花場所へ植え替えます。

モウズイカの基本情報

問題: うどん粉病。

おすすめ品種: 購入できるのは通常品種のみです。観賞用の栽培品種は、薬効が失われていて、かなりの有毒成分が含まれているかもしれません。

鑑賞ポイント: びっしりと毛に覆われた葉が形成する大きなロゼット。そこからまっすぐにぐんぐんのびてくる丈の高い花穂。

場所と土: 日当たりのいい場所。軽くて水はけがよく、あまり肥沃ではない、アルカリ性の土。

耐寒性: 非常にあります。-20℃でも大丈夫。

大きさ: 2シーズン以内に2m×50cmに達します。

モウズイカの利用法

料理 なし。

料理以外 葉と花、もしくはいずれかが、偏頭痛や呼吸器系疾患の治療薬をつくるために用いられますが、使用の際は慎重に。できれば指示を仰ぎましょう。毒が含まれている可能性があるからです。

左: モウズイカ。
右: 乾燥させたモウズイカの花。

Verbena officinalis
クマツヅラ

クマツヅラは、最も魅力も重要性もない植物の1種であることは確かですが、どんなハーブにも負けないほどの、長く、際立った歴史を有しています。かつてのエジプト人、ギリシャ人、ローマ人、ペルシャ人、そしてごく普通のアングロ・サクソン人たちまでもが、医術においても神話においても、クマツヅラを特別なものとみなしていました。総合的なハーブコレクションから排除することなどできませんが、できれば、目立たないようそっと隠しておきたいハーブです。

栽培方法と注意点
秋と春に軽く根覆いをし、春、バランスのいい一般的な肥料を与えます。晩秋、地上部を刈りこんでください。この多年草は、株わけか、春、本来の場所にタネをまいて増やします。

クマツヅラの基本情報
問題：なし。

おすすめ品種：購入できるのは通常品種のみです。

右：クマツヅラ。
次ページ：乾燥させたクマツヅラは、ハーブ療法で使われます。

鑑賞ポイント：ほぼありません。かなりキクに似た葉。非常に小さな藤色の花をつける、とても細長い花穂。

場所と土：日当たりのいい場所から明るい日陰を好みます。ほとんどの土が大丈夫ですが、一番いいのは、肥沃で湿った、オーガニックの壌土でしょう。

耐寒性：非常にあります。−20℃でも大丈夫。

大きさ：3年以内に75㎝〜1m×30㎝に達します。

クマツヅラの利用法

料理　なし。

料理以外　インフュージョンが、咽頭痛の治療のために一般的な鎮痛剤として用いられ、その一方では催淫薬としても用いられます。

Vinca major
ツルニチニチソウ

ツルニチニチソウは、最も有益なグランドカバーの常緑植物の1種で、特に役に立つのが、乾燥した日陰という一番厳しい環境下です。そんな植物に、ハーブとしての価値もあるというのは意外でもあり、喜ばしいことでもあります。広大なハーブガーデンの、条件の悪い場所でもしっかりと育ってくれる理想の植物です。より限定された場所に最も適しているのは、より小さい種のヒメツルニチニチソウですが、ハーブとしてのより真っ当な歴史を有しているのは、それよりもたくましいツルニチニチソウです。

栽培方法と注意点

　グランドカバーとしていったん根づいてしまうと難しいですが、秋と春に根覆いをするのが理想です。新しい芽が出てくるよう、春、地上部を刈りこんでください。この（低木）多年草は、株わけか、秋から春にかけて取り木をして増やします。あるいは夏のあいだに、やや成熟した切り枝を冷床の培養土に挿してもいいでしょう。

ツルニチニチソウの基本情報

問題： さび病。

左： 大ぶりなツルニチニチソウ。

おすすめ品種：「ツルニチニチソウ」には、花の色や葉に入った斑の模様も多様な、たくさんの変種があります。「ヒメツルニチソウ」は、それよりも数が少ないものの、「バリエガータ」は魅力的な斑入り模様を有していますし、侵食力がさほど強くない種「アルバ」は、白い花をつけます。

鑑賞ポイント： 艶やかで、幅広の常緑葉。アーチ状に成長を続けるグランドカバー。茎の先につく、鮮やかな青い花。

場所と土： 日当たりのいい場所からまずまずの日陰まで。乾燥した土を含め、ほぼすべての土が大丈夫です。

上：「バリエガータ」。

耐寒性： 非常にあります。−20℃でも大丈夫。

大きさ： 3年以内に50㎝×1mに達します。

ツルニチニチソウの利用法

料理 なし。

料理以外 糖尿病の治療薬が葉からつくられますが、かつてはさまざまな外傷治療用の湿布が、根からつくられていたようです。

Viola odorata

スイートバイオレット

アイルランド人の園芸家で著述家ウィリアム・ロビンソンは、シンプルで清々しい庭づくりを目指しました。その彼が、バラの茂みの下に生きた根覆いとして用いるようすすめたのがバイオレットです。スイートバイオレットは、手をかけなくてもかなり効果的に広がりますから、バラ園やハーブガーデンに植えるといいでしょう。うっとりする香りと紫の花を有するスイートバイオレットには、ガーデニングと同じだけの長い歴史があります。著名な作家や詩人で、この花の美しさやあまたの魅力に言及していない人はまずいないでしょう。

栽培方法と注意点

この多年草は、いったん根づけばほとんど手はかかりませんが、春に、バランスのいい一般的な肥料を与えてください。株わけか、自然にのびるランナーを植え替えて増やします。

スイートバイオレットの基本情報

問題: なし。

おすすめ品種: 普通目にするのは通常品種ですが、八重や白い花をつける変種ももちろんあります。後者は数少ないものの、野生種と交互に植えると非常に美しいでしょう。

鑑賞ポイント: グランドカバーのほふく性の根茎の先に咲く、バイオレットならではの紫の小花。まだ寒い季節に見るその姿は、ことのほか愛らしいものです。

場所と土: 明るいからまずまずの日陰を好みます。乾燥した土を含め、ほとんどの土が大丈夫ですが、一番いいのは、肥沃で湿った壌土です。

耐寒性: 非常にあります。−20℃でも大丈夫。

大きさ: 3年以内に15×30cmになります。

左:スイートバイオレット。
上:スミレの砂糖漬け。

スイートバイオレットの利用法

料理 スミレの砂糖漬けは、ずっと前からケーキの飾りつけに用いられていますし、それを使って、かなりこってりとしたシロップもつくられることがあります。

料理以外 インフュージョンが花、葉、根からつくられることがあり、薬剤としてさまざまに役立っています。特に鼻風邪や鼻詰まりの緩和に効果があります。

木質ハーブと低木ハーブ

本書で言及する植物の中には、程度の差こそあれ、低木に近いものや、明らかな低木が何種類かあります。そして、興味深く、貴重な薬効を有する、観賞用の低木や樹木もたくさん存在します。そういったものも、総合的なハーブコレクションに加え、より繊細なハーブを守るために植えて、生垣や防風林として活用することを考えてみてはどうでしょう。

Buxus sempervirens
ボックスウッド

ボックスウッドは神話にも登場します。何世紀にもわたって、そのかたく、美しい、きめ細かな木質部が愛でられてきた植物です。整形されたハーブガーデンでのその役割は、かけがえのないものといえるでしょう。成長が遅いため、周縁植物としてこれに匹敵するものはなく、最高の整形庭園であるノットガーデンにおいて、本領を発揮しています。成長速度と密生する性質、そして常緑葉が、この低木をなくてはならないものにしているのです。

上：観賞用の鉢に植えて、刈りこんだボックスウッド。

左：「スフルチコサ」の生垣。

ボックスウッドの利用法
料理 なし。

料理以外 なし。

栽培方法と注意点

秋に根覆いをし、春、バランスのいい一般的な肥料を与えます。毎年２回、できれば夏と秋それぞれの半ばに刈りこんでください。夏のあいだに、やや成熟した切り枝を冷床の培養土に挿すか、秋、かたい枝を挿し木にして増やします。

ボックスウッドの基本情報

問題： コナジラミ。吸枝。ボックスブライト。アブラムシ。

おすすめ品種： 通常品種は広く簡単に手に入り、最も安価です。「スフルチコサ」は周縁に使われる、成長の遅い種です。本来は矮小種だとしばしば考えられていますが、刈りこまなければ、かなり大きくなります。「スフルチコサ」の植えつけに変化を加えたいなら、ところどころに斑入りの種を配するといいでしょう。白い斑入りの葉を有する「アルゲンテオバリエガータ」か、小さな斑点と金色の縁どりの入った葉の「オーレオバリエガータ」がおすすめです。

実用性： 矮小種の周縁植物か、観賞用の種として。

鑑賞ポイント： 丸い小さな常緑葉。斑入りのものもあり。黄色がかった花。

場所と土： 日当たりのいい場所から、まずまずかほぼ完全な日陰まで。ほとんどの土が大丈夫ですが、一番いいのは肥沃で湿った、できればアルカリ性の壌土です。

耐寒性： 非常にあります。−20℃でも大丈夫。

大きさ： 生育がいい種だと５〜６×５〜６mに達しますが、通常はもっと小さく刈りこみます。

Eucalyptus spp.
ユーカリ属

ユーカリ属の多くの種は確実に、美しい葉と独特な香りを有しています。成熟すると、個体でも大きな森でも、その姿は実に立派です。しかし、原産地であるオーストラリアの森で、1本1本が独立して存在している姿以上にすばらしい姿はおそらくないでしょう。侵食性と競合性が強くなりがちな性質ですが、そうした性質を十分に抑制した小ぶりの種、耐寒性のユーカリノキなら、ハーブガーデンでも十分に栽培できます。

栽培方法と注意点

秋と春に根覆いをし、春、バランスのいい一般的な肥料を与えます。春、地面から30cm以内まで刈りこんでください。大きくならないよう、また、魅力的な若い葉をつけるようにするためです。のびるに

まかせておくと、すぐに魅力がなくなってしまい、手にもおえなくなり、霜や風によりダメージもかなり受けやすくなってしまいます。晩春のあいだに、冷床の培養土にタネをまくのが最も簡単な増やし方です。

ユーカリ属の基本情報

問題：カイガラムシ。すす病の発生。

おすすめ品種：巨大なユーカリ属には、500種近くもの種があります。その大半は繊細なので、寒冷地の屋外で栽培するのは難しいでしょう。ハーブガーデンに適した最も耐寒性のある種は「ブルーガム」こと「ユーカリノキ」です。

実用性：なんらかの覆いをするのであれば、観賞用として。

鑑賞ポイント：白い粉で覆われた、丸い若い葉。細長く、槍の穂先のように鋭い、成熟した葉。はがれやすい灰色の樹皮。

場所と土：寒風をしのげる、日当たりのいい場所。ほとんどの土が大丈夫ですが、一番いいのは肥沃なオーガニックの壌土です。

耐寒性：かろうじてあります。-10℃くらいまでなら大丈夫です。

大きさ：温暖な地域で成熟させるにまかせるなら、「ユーカリノキ」は10年後に15mに達し、最終的には40mほどになります。

左：「ユーカリノキ」。
下：ユーカリオイル。

ユーカリ属の利用法

料理　なし。

料理以外　葉から得られるオイルは、咳や風邪の治療薬として使われます。また、火傷をはじめとする皮膚の諸症状の治療にも用いられます。

Gaultheria procumbens
ウインターグリーン

シラタマノキ属のさまざまな種は、観賞用の庭に配する、丈夫で実用性の高い低木の仲間に含まれます。十分にかわいく、機能性もありながら、どんな生垣に用いても、けっしてスターにはなれません。けれどそのオイルは、ウィッチヘーゼル（p.290を参照）とともに、最もなじみのある、そしておそらく最も薬効があるものの1つにちがいなく、今でも日常的に使われています。

栽培方法と注意点

　秋と春に根覆いをし、春、バランスのいい一般的な肥料を与えます。刈りこみは不要ですが、春に思い切って刈りこんでも、また再生します。吸枝を植え替えるのが、一番簡単な増やし方です。

左：ウインターグリーン。
右：ウインターグリーンの果実。

ウインターグリーンの基本情報

問題：なし。

おすすめ品種：購入できるのは通常品種のみです。

実用性：常緑のグランドカバーとして。

鑑賞ポイント：程度の差はあるものの、楕円形で、艶のある、濃い緑の小さい常緑葉。夏に咲く、たくさんの白い下垂花。秋になる、赤い果実。

場所と土：明るいからまずまずの日陰まで。ほとんどの土が大丈夫ですが、できれば酸性の土。アルカリ性はダメです。

耐寒性：「まずまず」から「ある」までです。−15℃くらいまでなら大丈夫。

大きさ：3年後には50×75㎝くらいで、最終的には50㎝×3mくらいにまで達します。

ウインターグリーンの利用法

料理　葉から、かわった味の「お茶」がつくられます。

料理以外　葉から得られるオイルには、治療と鎮痛の効果があり、炎症を起こしている皮膚に用いられます。インフュージョンは、咽頭痛の緩和に使われます。

Hamamelis virginiana
ウィッチヘーゼル

ウィッチヘーゼルとウインターグリーン（p.288を参照）は、それぞれの植物の姿にまったく興味のない人たちにも、なじみのある名前でしょう。どこの薬局でも、両者の名前のついた瓶が棚に並んでいるはずです。いずれも、それぞれを原料とした、広範に用いられ、なおかつ鎮痛効果も高い薬です。植物としては、ウィッチヘーゼルの方が魅力的で、冬に咲く花ゆえに、庭で栽培する価値があります。ただし、扱いやすい低木ではなく、きちんと条件がそろわなければ、しっかりと育てるのは難しいでしょう。

栽培方法と注意点

秋と春に根覆いをし、春、バランスのいい一般用かバラ用の肥料を与えます。刈りこみはしません。挿し木で増やすのは難しいですが、真正種であれば、冷床に培養土を入れた鉢を置き、そこにタネをまいてもいいでしょう。発芽には時間がかかります。

左：ウィッチヘーゼル。
右：ウィッチヘーゼルのクリーム。

ウィッチヘーゼルの基本情報

問題：なし。

おすすめ品種：観賞用として最も有名なのはアジア種で、中でもおすすめは「シナマンサク」です。ただし、医薬成分を抽出するのであれば、北米の「アメリカマンサク」が一番です。これは、観賞用の種に根挿しする根茎を有します。

実用性：なし。

鑑賞ポイント：北米種は晩秋、小枝につける、香りのいい黄色い小花。同時に葉も黄色くなり、その後散ります。したがって、冬、むき出しの枝に花をつけるアジア種ほどのインパクトはありません。

場所と土：寒風をしのげる、明るい日陰。湿った、水はけのいいオーガニックの土。できれば弱アルカリ性。

耐寒性：まずまずあります。−15℃くらいなら大丈夫ですが、寒風で傷つきます。

大きさ：3年後には1×1mに、最終的には5〜6×5mにまで達します。

ウィッチヘーゼルの利用法

料理 なし。

料理以外 若い枝のエキスは、あざや炎症をはじめとする外的な痛みの緩和に用いられます。

Ilex aquifolium
セイヨウヒイラギ

実におもしろいことに、みなさん、祝祭シーズンが終わるとセイヨウヒイラギのことなど忘れてしまい、クリスマスが近づいてくるとまた思い出すようです。しかしながらこの低木には、たくさんのトゲのある葉と、美しい彩りの赤い実以上のものがあります。セイヨウヒイラギが属するモチノキ属には、実に多彩な常緑種とともに、多くの落葉種も含まれています。ただしその大半に鋭いトゲはなく、全部が全部赤い実をつけるわけでもありません。ボックスウッド同様、非常に耐寒性のある低木として長いあいだ栽培されてきました。最も魅力的な観賞用の木として浸透しているのはもちろんですが、古くからの意外な薬効も有しています。

栽培方法と注意点
　秋と春に根覆いをし、春、バランスのいい一般的な肥料を与えます。「ヘッジホッグホリー」は刈りこみ不要ですが、ほかの種は、必要に応じて、夏と秋それぞれの半ばに刈りこんでください。挿し木で増やすのはほぼ不可能です。名前のある種を、タネから栽培するのは難しいでしょう。

セイヨウヒイラギの基本情報
問題：ハモグリムシ（見た目は悪くなりますが、害にはなりません）。

上：赤い実をつけたセイヨウヒイラギの枝。
左：「ゴールデンキング」。

おすすめ品種： いくつかの種から派生した観賞用の種がたくさんありますが、ハーブとして栽培されているのは、よく知られた「セイヨウヒイラギ」です。ハーブガーデンに最適なのは、矮小種のいわゆる「ヘッジホッグホリー」といわれる「フェロクス」です。「フェロクスアルゲンテア」の葉は銀色の覆輪になり、「フェロクスオーレア」は、不規則な金色の斑が入った葉を有します。より丈の高い種がいい場合は、「J.C. バントール」か「ゴールデンクイーン」を選んでください。

実用性： 生垣や観賞用の種として。

鑑賞ポイント： 常緑葉。赤または黄色の実。密生する習性。

場所と土： 日当たりのいい場所からまずまずの日陰まで。極端に湿っているか乾燥していなければ、ほとんどの土が大丈夫です。

耐寒性： 非常にあります。−20℃でも大丈夫。

大きさ： ヘッジホッグホリーは、4、5年後には75×75cmくらいに、そして最終的には2×2mほどになります。ほかの種は、3、4年後に1m×50cmくらいに、そして最終的には高さ10〜15mほどの大木になります。

セイヨウヒイラギの利用法

料理 なし。

料理以外 葉のインフュージョンは、鼻詰まりや風邪の緩和に用いられます。

Laurus nobilis
ゲッケイジュ

これは、すべての低木ハーブの中で最も価値のある種かもしれません。けれど驚いたことに、多くの人が、概して高額な種をテラコッタの鉢で観賞用として栽培していながら、いまだに、スーパーマーケットでローリエを買っているのです。この丈夫な植物には、キッチンで必要な葉のイメージがないのかもしれません。

栽培方法と注意点
　秋と春に根覆いをし、春、バランスのいい一般的な肥料を与えます。この低木は夏、形を整えるために刈りこんだ方がいいでしょう。思い切って刈りこんでも、また再生するので大丈夫です。夏のあいだに、やや成熟した切り枝を冷床の培養土に挿して増やします。

ゲッケイジュの基本情報
問題：カイガラムシ。すす病の発症につながります。

左：ゲッケイジュ。
右：束ねたローリエ。

おすすめ品種： 選ぶのは通常品種ですが、金色の葉をつけるといわれている、「オーレア」というかなり繊細な種もあります。もっとも、通常品種が病気になっただけのような種だと評する人もいますが。

実用性： 魅力的な観賞用の種として。刈りこんで形を整えると、ことのほか人目を引きます。

鑑賞ポイント： 細長く、くすんだ緑色の常緑葉。初夏に咲く、緑がかった黄色の花。

場所と土： 寒風をしのげる、日当たりのいい場所からまずまずの日陰まで。湿りすぎた、重く冷たい土でなければ、ほとんどの土が大丈夫です。

耐寒性： まずまずあります。−10℃から−15℃までなら耐えられます。ただし、寒風で傷つきます。

大きさ： 4、5年後には1.5×1.5mくらいになりますが、刈りこまなければ、最終的には12×9mほどの大木になる可能性があります。

ゲッケイジュの利用法

料理 葉は、あらゆるタイプの肉料理に用いられます。ある種の魚やスープ、シチューにも。最もよく知られた利用法はブーケガルニです。古めの葉が最適です。

料理以外 葉のインフュージョンは、食欲回復の刺激剤として用いられます。

Morus nigra
マルベリー

原産は南西アジアですが、広く世界中で栽培されています。ハーブ植物ですが、その境界を超えて、香りを楽しむためというより、その果実を食べるために育てられる植物の1種となっています。ただし、こうした明らかな食料としての目的と同じく、医薬目的としても活用されており、堂々とした姿と長い樹齢の双方ゆえにとても立派な木でもあり、ここに掲載するにふさわしいといえるでしょう。

栽培方法と注意点
秋と春に根覆いをし、春、バランスのいい一般的な肥料を与えます。刈りこみは不要です。酸性の堆肥に新しくタネをまくか、夏のあいだに、やや成熟した切り枝を冷床の培養土に挿して増やします。

マルベリーの基本情報
問題：なし。

おすすめ品種：広く購入できるのは通常品種ですが、名前のある品種が1、2種、手に入ることもあります。「ホワイトマルベリー」の「モールスアルバ」はブラックと似た種ですが、その果実はほとんど味がしません。これは、カイコのエサとして用いられるもので、これによって絹がつくられるのです。

実用性：なし。

鑑賞ポイント：緑がかった尾状花序をつけているときは、落葉性のパッとしない植物ですが、ラズベリーのような深紅の果実がたくさんなると、これ以上なく魅力的です。ただしこの果実は、木から落ちてきて衣服にシミをつけることで有名ですが。

場所と土：覆いをした、日当たりのいい場所。肥沃で湿っているけれど、非常に水はけのいい土。

耐寒性：非常にあります。−20℃でも大丈夫。

大きさ：3、4年後には2×1mくらいに、そして最終的には12mにまで達します。

上：ボウルに入った、おいしいマルベリーの実。
左：マルベリー。

マルベリーの利用法

料理　生のまま食べる果実はおいしいですが、パイやジャム、ワインにするのもおすすめです。

料理以外　果実は、シロップ状の便秘薬をつくるために使われ、葉のインフュージョンは糖尿病患者に用いられることがあります。

Myrica gale
セイヨウヤチヤナギ

庭の低木で、湿原植物と称されるものはあまり多くありません。同様に、じめじめした場所でよく育つハーブもあまり多くありません。けれど、その両方の特性を備えているのが、ここで紹介する魅力的な植物です。すべてのハーブガーデンに、この植物に適した場所があるわけではありませんが、近くの湿原庭園ならうってつけです。

栽培方法と注意点

秋と春に根覆いをし、春、少なくともしっかり根づくまでは、バランスのいい一般的な肥料を与えます。刈りこみは不要ですが、古くなった木の傷んだ枝だけ切り落としてください。低いところにある枝がとれるようなら取り木で、あるいは晩夏に、かたい枝を挿し木にして増やすといいでしょう。

セイヨウヤチヤナギの基本情報

問題：真菌斑点病。胴枯れ病。

おすすめ品種：購入できるのは通常品種のみです。

実用性：湿原庭園の観賞用として。

上：セイヨウヤチヤナギの尾状花序。
右：セイヨウヤチヤナギ。

鑑賞ポイント：細長く、毛に覆われた、わずかにノコギリ歯状の落葉葉。茶色の尾状花序。春に咲く、緑がかった黄色の小花。

場所と土：明るいからまずまずの日陰まで。湿った、冷たい酸性の土。できればオーガニック。

耐寒性：非常にあります。−20℃でも大丈夫。

大きさ：3、4年後には1×1mくらいに、そして最終的には2×2mにまで達します。

セイヨウヤチヤナギの利用法

料理 乾燥させた葉は、肉料理、スープ、シチューに用いられ、アルコール飲料の香りづけにも使われます。

料理以外 葉のインフュージョンは、胃の疾患の緩和に用いられます。

Populus balsamifera
バルサムポプラ

非常に大きな木なので、ハーブの魅力のためだけに植えようとは思わないのは確かです。実際、やたらとシュートをのばす習性があり、それが問題になることもありますが、かつては多くの庭にこの種が植えられていたという事実もあり、その薬効には、ここに掲載するだけの魅力があります。かなり大きくなる可能性のある木のつぼみは、黄色い粘剤に包まれていますが、白い花芽がひらいてくると、独特なバルサムの香りを放ちます。

栽培方法と注意点

いったん根づけば、手入れは不要です。傷んだ枝も、定期的に切り落とす必要はありません。秋、かたい枝を挿し木にして増やします。

バルサムポプラの基本情報

問題：胴枯れ病。縮葉病。赤さび病。ウイルス。

おすすめ品種：購入できるのは通常品種のみです。

実用性：囲いや防風林用の木として。

左：バルサムポプラ。
下：バルサムポプラの葉芽からとれる樹脂で、膏薬がつくられます。

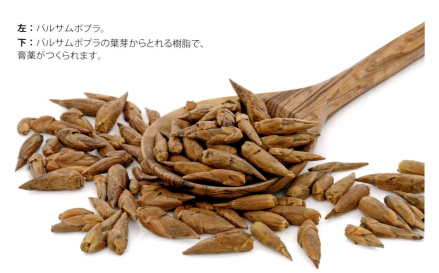

鑑賞ポイント：程度の差はあるものの、ハート形をした、裏側が白っぽい、濃い緑の大きな落葉葉。春に見られる、黄色がかった、たれ下がった尾状花序。

場所と土：日当たりのいい場所。深くて肥沃で湿っているなら、ほぼどんな土でも大丈夫です。

耐寒性：非常にあります。−20℃でも大丈夫。

大きさ：非常に丈夫で、2、3年後には2.5×1mくらいに、そして最終的には30mにまで達します。

バルサムポプラの利用法

料理　なし。

料理以外　芳香性の樹脂は、よりによって非常に粘着性の高い葉芽からとれます。その樹脂ゆえに、植物全体から独特な香りがします。抽出された樹脂は、医薬として広範に使われます。咳止め薬、肺や胃や腎臓の症状緩和、さらに、防腐軟膏や膏薬のベースとしての利用などがあります。

Prunus dulcis
アーモンド

アーモンドはかなり繊細なので、多くの温暖な庭でもなかなかうまく栽培できません。また多くの地域で、縮葉病にひどく苦しめられます。けれど、すくすく育つ場所でなら、これは最も魅力的な木ですし、ハーブガーデンのそばに植える理想の種でもあります。春に咲く花と、その後に収穫し、キッチンでもハーブとしても多種多彩な利用ができる果実との組みあわせには、ほかのどんな木もおよばないでしょう。

栽培方法と注意点

秋と春に根覆いをし、春、少なくともしっかり根づくまでは、バランスのいい一般的な肥料を与えます。刈りこみは不要ですが、古い木の傷んだ枝だけは切り落としてください。これは、銀葉病の菌に感染しないよう、春か初夏のうちにかならず行います。タネから増やすことができ、概して有益な植物を育てられます。商品としてであれば、つねに移植か芽継ぎで増やします。

アーモンドの基本情報

問題：縮葉病。銀葉病。アブラムシ。褐色腐敗病。

おすすめ品種：多くの特別種がきれいな花をつけますが、果実はほぼとれません。栽培品種が必要な場合、以下の2つのグループをしっかりと見わけることが大事です。「スイートアーモンド」は

概してピンクの花をつけます。この果実は甘く、食べることができます。「ビターアーモンド」の花は通常白です。こちらの果実は苦く、毒を含む仁は医薬に用いられます。

実用性：なし。

鑑賞ポイント：先端のとがった、ノコギリ歯状の細長い落葉葉で、秋に紅葉するものもあります。春に咲く、非常にかわいいピンクまたは白の花。

場所と土：しっかりと覆いをした、日当たりのいい乾燥した場所。肥沃で湿っているけれど、非常に水はけのいい、できればアルカリ性の壌土。じめじめしたところでは、縮葉病が発生してしまい、アーモンドの栽培はまずできません。

耐寒性：まずまずあります。−10℃から−15℃くらいまでなら大丈夫ですが、花は遅霜にやられてしまいます。

大きさ：3、4年後には3×1mくらいに、そして最終的には8〜9mにまで達します。

上：アーモンドオイル。
左：アーモンドの若い果実。

アーモンドの利用法

料理　果実はお菓子に用いられます。魚料理をはじめ、塩味の料理にも。

料理以外　果実から抽出されるオイルは、皮膚の鎮静、治療薬のベースとして、また、ちょっとした医薬としても用いられます。

Quercus spp.
オーク

ハーブとしての価値があるからといって、オークだけを1本植えようとはだれも思わないでしょう。実際、とてつもない大きさになるかもしれないことを考えると、庭にオークを植えるのは、ほとんどの場合賢明とはいえません。けれど、広大で歴史ある庭の多くには、すでにオークが植えられ、樹木を保護する法律によって守られているのも事実です。にもかかわらず、オークのハーブとしての重要性を認めている所有者は、比較的まれです。

栽培方法と注意点

秋と春に根覆いをし、春、バランスのいい一般的な肥料を与えます。刈りこみは不要ですが、古い木の傷んだ枝だけは切り落としてください。増やすなら、ドングリを使います。ただし、特別種の場合はできそうにないので、かならず接ぎ木にしてください。挿し木は非常に難しいでしょう。

オークの基本情報

問題：うどん粉病。葉や枝につく菌や虫。心配になることもありますが、害はありません。

おすすめ品種：自生するオークは2種。花柄を有する「ヨーロッパナラ」と、無柄の「フユナラ」です。庭にあるオークの大半は、この2種のいずれかですが、スペースがあってオークを植えたいと思っているなら、観賞用の種を選ぶのが

賢明でしょう。「ヨーロッパナラ」の「コンコルディア」は金色の葉を有します。ほかにも、直立性の「ファスティギアタ」や、深い切りこみの入った葉を有する「フィリシフォリア」があります。

実用性：日差しや風をさえぎってくれます。

左と上：ドングリ。

鑑賞ポイント：ギザギザした落葉葉。春、成木に咲く緑がかった花。そのあとになるドングリ。数年のあいだ、秋のひと時だけ見られる紅葉はかなりすてきです。

場所と土：日当たりのいい場所か明るい日陰。たいていの土が大丈夫ですが、一番いいのは肥沃で深い、非常に水はけのいい壌土です。

耐寒性：非常にあります。−20℃でも大丈夫。

大きさ：3、4年後には2×1mくらいに、そして最終的には25mにまで達します。

オークの利用法

料理 ドングリは、ローストして挽けばコーヒーの代用品になります。第二次世界大戦下、本物のコーヒーが手に入らなかった際、大量に用いられました。

料理以外 樹皮のエキスは、さまざまな薬物療法に用いられます。主に血液関連の諸症状です。

Rosa spp.

バラ属

かつてバラは、庭で思いのままにふるまっていましたが、もはやそんなことはありません。けれど、ほぼ世界中で最も人気のある花であることにかわりはありません。ほとんどの庭に、少なくとも1種類はバラがありますが、この貴重な観賞用の低木を、そのハーブとしての価値のためだけに育てる人は多くないでしょう。バラには、料理としての利用法も、それ以外の活用法もたくさんあります。

栽培方法と注意点

秋と春に根覆いをし、春、バランスのいいバラ用の肥料を与えます。おすすめの品種の場合、刈りこみはほぼ不要ですが、春、傷んだり密生した枝だけは切り落とし、毎年、一番古い分枝1、2本はとりのぞいてください。晩秋、庭の覆いをした場所にかたい枝を挿せば、おそらく増やせるでしょう。

バラ属の基本情報

問題：うどん粉病。黒斑病。さび病。アブラムシ。

おすすめ品種：ハーブとして栽培するなら、なくてはならないのが以下にあげる品種です。「ロサアルバ」(「ヨークの白バラ」)は一重の白い花です。「イヌバラ」は一重の白またはピンク。「ロサケ

右：「スイートブライアー」。
次ページ：瓶に入った花びらのジャム。

ンティフォリア」(「プロヴァンスローズ」)は八重のピンク。「ダマスクローズ」の「キャトルセゾン」は八重の淡いピンク。「ロサエグランテリア」(「スイートブライアー」)は一重のピンク。「ロサガリガ」は一重の濃いピンク。そして「ロサムンディ」は、ピンクと白の絞り模様です。

実用性：観賞用の遮蔽物として。

鑑賞ポイント：おぼえておいてください。種によって一季咲き、二季咲き、四季咲きがあります。美しい（そして役立つ）実をつける種もあります。鮮やかに紅葉する種も。覆いの中で栽培すれば、程度の差はあっても、ほとんどの種が常緑です。

場所と土：できれば覆いのある、日当たりのいい場所。非常に乾燥していなければ、ほとんどの土が大丈夫です。かなり重く、湿って、水はけの悪い壌土でも、いつも必死に成長しようと頑張っています。

耐寒性：「ある」から「非常にある」までです。−15℃から−20℃まで大丈夫です。

大きさ：種によって異なりますが、おすすめ品種であげたほとんどの種が、3、4年後には1.2×1.5mくらいまで大きくなります。

バラ属の利用法

料理　花びら（特に香りのいい種）はお菓子に用いたり、飾りとして砂糖漬けにしたりします。すっきりとしたローズウォーターもつくられます。ヒップ（実）からは、ジャムやシロップ、ワイン、ハーブティーができます。ビタミンCが豊富です。

料理以外　葉のインフュージョンは、一般的な「滋養強壮剤」です。

Rubus fruticosus
ブラックベリー

これを「イバラ」と呼ぶと、ほとんどの園芸家が、かなりの時間と努力とお金を費やして、とりのぞこうとします。ところが「ブラックベリー」と呼ぶと、丁寧に扱い、秋に新鮮でジューシーな果実を摘むのを楽しみにしながら育てるのです。確かに、野生種の果実はとびきりおいしいですが、栽培用の変種では、かならずおいしいものができる保証はありません。おいしい実を沢山つける種もあれば、しなびたまずい実しかできない種もあるのです。ただし、葉にはハーブとしての価値がありますから、実をつける、特別な栽培品種を選ぶのが理にかなっているでしょう。

栽培方法と注意点

秋と春に根覆いをし、春、バランスのいい一般的な肥料を与えます。実をつけた古い茎は、収穫後に切り落とし、新しい茎は、ワイヤーでくくりつけて誘引してください。今ある植物を利用して増やそうとはせず、ウイルスフリーの株を新しく購入します。

ブラックベリーの基本情報

問題：ラズベリーカブトムシ。ボトリチス病。さび病。真菌性の葉の病気。茎斑点病。

おすすめ品種：栽培品種を選ぶのであれば、大きくなりすぎず、一般的な大きさの庭に簡単に植えられるものを選ぶのが大事です。いくつか候補がありますが、特におすすめなのは「アシュトン

右：生のブラック
ベリーでつくった
スムージー。
左：ブラックベリー。

クロス」と、トゲの
ない「ロッチネス」
です。

実用性：格子や
水平ワイヤーで誘
引できれば、境界や風よけづくりに利用
できるでしょう。

鑑賞ポイント：落葉樹（ただし程度の差
はあるものの、多くの地で常緑です）。
春に咲く、一重の白かピンクの花。その
後、晩夏になる、おなじみの果実。トゲ
のない種もあります。

場所と土：日当たりのいい場所か明る
い日陰。たいていの土が大丈夫です
が、つねに最高の収穫を望むなら、肥沃
で深く、とても水はけのいい壌土です。
非常に乾燥しているか、逆に湿った土だ
と、小粒でおいしくない果実しかできま
せん。

耐寒性：非常にあります。−20℃でも
大丈夫。

大きさ：種によって異なりますが、きち
んと刈りこめば、2年以内に1株の苗が
縦横2mくらいまで大きくなります。

ブラックベリーの利用法

料理　この果実は生でも火を加えて
も漬けてもよく、そんなよく知られた
利用法に加えて、ビタミンC含有量が
高いこともおぼえておいてください。

料理以外　葉のエキスは、一般的な
スキンケア製品に用いられます。ま
た、うがい薬や口臭予防にも使われ
ます。

Taxus baccata

ヨーロッパイチイ

毒性の強い木ですが、タネを覆う赤い肉厚の部分だけは毒がありません。ほかの多くの有毒種のように有益なハーブであり、生垣植物としてこのヨーロッパイチイに並ぶものはなく、境界として用いるのに最適です。

左：ヨーロッパイチイ。
右：ベリーを思わせるヨーロッパイチイの鮮やかな赤い部位がタネを覆っています。

栽培方法と注意点

秋と春に根覆いをし、春、バランスのいい一般的な肥料を与えます。必要に応じて刈りこみます。生垣は年に2回、夏と秋それぞれの半ばごろに刈りこむのが一番です。冷床の培養土にタネをまくか、冬、冷床にかたい切り枝を挿して増やします。

ヨーロッパイチイの基本情報

問題：なし。

おすすめ品種：生垣に用いるなら通常品種が最適ですが、個として楽しみたいなら、「ファスティギアータオーレア」か「スタンディシィ」を選んでください（いずれも金色の葉を有する、円柱形です）。

実用性：すばらしい境界の生垣として。

鑑賞ポイント：深く濃い緑の葉（あるいは特別種の金色の葉）。その葉と対照をなす鮮やかな赤い実。ただし、入念に刈りこまれた生垣では難しいでしょう。

場所と土：日当たりのいい場所からまずまずの日陰まで。ほとんどの土が大丈夫ですが、非常に乾いた土ではけっしてうまく育ちません。

耐寒性：非常にあります。−20℃でも大丈夫。

大きさ：慎重に刈りこめば、生垣なら10年以内に2m×45cmになります。金色の葉を有する種は、これよりもゆっくりと成長します。

ヨーロッパイチイの利用法

料理　なし。

料理以外　葉と実から、さまざまな医薬品やハーブ薬がつくられます。

Vitex agnus-castus
チェストツリー

「修道士のコショウ」という英名は、まちがいなくハーブのようにきこえるのに、これは、すべてのハーブの中で最もなじみの薄い植物の1種であり、最もなじみの薄い庭木の1種でもあります。晩夏にかわいい花をつけ、芳香を放つ葉を有します。比較的繊細ですが、多くの美点を備えていて、ハーブガーデンで栽培してみる価値は十分にあります。

栽培方法と注意点
　秋と春に根覆いをし、春、バランスのいい一般用かバラ用の肥料を与えます。刈りこみはしません。冷床の培養土に新しいタネをまくか、夏、やや成熟した切り枝を冷床に挿して増やします。

チェストツリーの基本情報

問題：なし。

おすすめ品種：最もよく目にするのは通常品種ですが、「ブルースパイヤー」といわれる、花の色がちがう特別種もあります。

実用性：なし。

鑑賞ポイント：切りこみの入った、芳香性の大きな落葉葉。晩夏に淡いブルーの花をつける、細い花穂。ロシアンセージの花穂にとてもよく似ています。

場所と土：寒風をしのげる、日当たりのいい場所。できれば温かい壁のそばで、軽く、水はけのいい土のところ。土は、酸性の砂岩ベースがいいでしょう。

耐寒性：まずまずあります。−10℃まで大丈夫。

大きさ：4、5年後には1.5×1mくらいに、そして最終的には4-5×2mくらいにまで達します。

上：ハーブ療法に用いられる、チェストツリーのタネ。
左：チェストツリー。

チェストツリーの利用法

料理　挽いたタネは、ピリッとしたコショウのかわりとして用いられます（催淫薬としての利用もあるといわれています）。

料理以外　更年期障害の治療薬が果実からつくられます。

索引

あ
アーモンド 302-3
アイブライト 120-1
揚げ床 9
アップルミント 15, 178
アニス 206-7
アニスヒソップ 38-9
アマ 162-3
甘い旗 36-7
甘いロケット 140-1
アルカネット 58-9
アルカリ性の土 9, 11
アルケミラウルガリス 44-5
アルニカ 70-1
アレキサンダース 244-5
アロエベラ 52-3
アンゼリカ 62-3
イガマメ 194-5
育苗器
　切り枝を挿す 23
　タネをまく 19, 20
生垣植物 14
生垣のそばのジャック 46-7
イタリアンパセリ 205
偽りのサフラン 90-1
イヌハッカ 188-9
イヌバラ 306
イバラ 308-9
イブキトラノオ 14, 208-9
イブニングプリムローズ 192-3
イラクサ 154-5
ウィッチヘーゼル 288, 290-1
ウインターグリーン 288-9
ウインターセイボリー 234, 235
ウィンドウボックス 25
ウッドベトニー 246-7
ウッドラフ 130-1
栄養を与える 17-18, 25
エジプシャンオニオン 49
枝に見られる害虫と病気 31
エリンギウム・マリティマム 116-17
オオグルマ 150-1
オーデコロンミント 177
オキナヨモギ 73, 74
屋外でのタネまき 20-2
屋内での増やし方 19-20
オスウィーゴティー 180-1
オダマキ 14
オドリコソウ 154-5
オレガノ 12, 21, 198-9
　ゴールデン 15
オレンジミント 177
温室栽培 19-20

か
カーネーション 106
ガーリック 15, 27, 49, 50
害虫と病気 28-33
　化学物質 28-9, 30
　症状 30-1
　対処法 32-3
　バイオコントロール法 29
かたい枝の挿し木 23
株わけ、増やし方 18, 19, 22
カモミール 96-7
カラミンサ 84-5
カレープラント 15, 138-9
カレンデュラ 86-7
乾燥ハーブ 26, 27
キダチハッカ 234-5

キャットミント　188-9
キャラウェイ　92-3
球果植物　11
魚粉肥料　18
キンケクチブトゾウムシ　29
茎に見られる害虫と病気　31
グビジンソウ　200-1
クマツヅラ　278-9
クモマツマキチョウ　46
クルマバソウ　130-1
形式を重んじた庭　14-15
ケシ　200-1
ゲッケイジュ　15, 23, 294-5
ケノポディウム・ボヌスヘンリクス　98-9
鉱夫のレタス　102-3
子馬の足　270-1
ゴーツルー　128-9
ゴールデンオレガノ　15
ゴールデンキング　292
コーンフラワー　12
コストマリー　254-5
コットンラベンダー　12, 13, 230-1
骨粉　17
コハコベ　248-9
ゴマ　240-1
コリアンダー　104-5
コリアンミント　39

コルシカミント　177-8
ゴロツキアザミ　196-7
コロハ　266-7
コンテナで楽しむハーブ　9, 16, 24-5
　植えつけ　16-17, 25
コンフリー　250-1

さ

サクラソウ　212-13
挿し木　18, 19, 23
殺菌剤　31
雑草　21
殺虫剤　31
サマーセイボリー　234, 235
サラダバーネット　228-9
サルビア（セージ）　7, 11, 15, 21, 226-7
酸性の土　11
サントリナ　13, 14, 230-1
シナガワハギ　172-3
シベナガムラサキ　110-11
ジャイアントガーリック　49
ジャコウアオイ　168-9
シャボンソウ　232-3
砂利　14
砂利道　10, 14
修道士のコショウ　312-3

ショウブ　36-7
シロバナムショケギク　256-7
ジンジャーミント　177
スイートシスリー　184-5
スイートジョーパイ　118-19
スイートバイオレット　282-3
スイートマジョラム　199
スカルキャップ　236-7
スギナ　112-13
砂土　10, 31
スペアミント　178
スムルニウム・オルサトゥルム　244-5
セイヨウアカネ　220-1
セイヨウカワラマツバ　130-1
セイヨウキンミズヒキ　40-1
セイヨウジュウニヒトエ　42-3
セイヨウヒイラギ　292-3
セイヨウヤチヤナギ　298-9
セイヨウワサビ　68-9
セージ　7, 11, 15, 21, 226-7
　パープルセージ　14, 228-9
石板　14
ゼラニウム　202-3

315

索引

セロリ　66-7
セロリシード　66-7
セントジョンズワート　146-7
染物師の緑の(雑)草　132-3
ソレル　222-3
　フレンチソレル　223

た
タイセイ　216
堆肥　10-11, 16-17, 18
　屋内用　19
　コンテナ栽培のハーブ用　24
タイマツバナ　180-1
タイム　7, 11, 12, 13, 15, 262-5
　観賞用　263
　シルバーポジー　15, 264
　ピンクチンツ　264
　料理用　264
　レモンタイム　263
タネから増やす　18-22
　屋外でまく　20-2
　屋内でまく　20-2
　苗を寒さに慣らす　20
　発芽温度　19-20
タネをまく　19, 22
タラゴン　12, 72-5
タンジー　14

ダンデライオン　260-1
タンポポ　260-1
チェストツリー　312-13
チコリー　100-1
チャービル　15, 64-5
チャイブ　7, 8, 11, 15, 48-51
　ニラ　48-9
チョウ　46
チョーサー(、ジョフリー)　7
通販植物　16
土
　種類　9-11
　タネをまく用意　20-2
ツリーオニオン　49, 50
ツルニチニチソウ　280-1
低木
　ウィッチヘーゼル　288, 290-1
　ウインターグリーン　288-9
　ゲッケイジュ　15, 294-5
　セイヨウヒイラギ　292-3
　セイヨウヤチヤナギ　298-9
　バラ　306-7
　ブラックベリー　308-9

ボックスウッド　14, 284-5
ディル　60-1
デザイン　12-15
テラコッタポット　24
テンジクアオイ　202-3
トリカブト　14
ドングリ　304, 305

な
苗を寒さに慣らす　20
ナスタチウム　268-9
夏スベリヒユ　210-11
ナデシコ　106-7
ナメクジ　29, 33
ニオイイリス　152-3
ニガハッカ　170-1
ニガヨモギ　73, 74
ニンジンフタオアブラムシ　29
ニンニクガラシ　46-7
根覆い　18
ネギ　50
ネギ(アリウム)　11, 14, 48-51
ネトル　272-2
ネマトーダ　29
粘土　10, 21
ノットガーデン　14

は
パーフォリエイト・ハニーサックル　164-5

ハーブガーデンのスタイル 12-15
ハーブ専用ポット 24-5
ハーブティー 35, 39
　カモミール 97
　カラミンサ 85
　コストマリー 255
　ハクセン 109
　ベルガモット 181
　メリッサ 175
　ラベンダー 157
　レモンバーベナ 55
ハーブの収穫 26-7
ハーブのための場所 9, 13
ハーブの道 11
パープルセージ 14, 228-9
ハーブを植える 16-17
ハーブを漬ける 26-7
バームオブギリアド 94-5
バイオコントロール法 29
バイオレット 282-3
ハウスリーキ 238-9
ハクセン 108-9
バジル 15, 17, 190-1
パセリ 7, 15, 29, 204-5
　収穫 26
　冷凍 27
パセリポット 25

発芽温度 19-20
ハッカ（ミント） 15, 25, 29, 176-9
発根促進剤 22, 23
ハナダイコン 140-1
ハナタネツケバナ 88-89
花に見られる害虫と病気 30-1
葉に見られる害虫と病気 30
バラ 306-7
バルサムポプラ 300-1
バレリアン 274-5
ハンギングバスケット 25
ヒソップ 148-9
ヒトツバエニシダ 132-3
ヒドラスチス 144-5
ヒナギク 78-9
ヒナゲシ 200
ヒマワリ 136-7
病気（害虫と病気の項を参照）
肥料 17-18, 22, 25
フィーバーフュー 258-9
フェンネル 7, 14, 124-5
　プルプレウム 15
　ブロンズ 15
フキタンポポ 270-1
踏み石 13
増やし方 18-23

　屋内 19-20
　株わけ 18, 19, 22
　挿し木 18, 19, 23
　タネ 18-22
冬スベリヒユ 102-3
腐葉土 18
ブラックベリー 308-9
プルモナリア 183, 214-15
フレンチソレル 223
フレンチタラゴン 15, 72, 73, 75
フレンチマリーゴールド 252-3
ブロンズフェンネル 15
ベーコン、フランシス 228
ヘッジホッグホリー 292, 293
ベトニー 246-7
ペニーロイヤルミント 177
ベニカノコソウ 274
ベニバナ 90-1
ペパーミント 177, 178, 179
ヘンルーダ 224-5
ホースミント 177
ホザキモクセイソウ 216-7
ボックスウッド 14, 284-5

スフルチコサ　14, 285
ホップ　142-3
掘る　16, 21

ま
マーシュマロウ　56-7
マートル　186-7
マグワート　74
マジョラム　198-9
マスタード類　82-3
マドンナリリー　160-1
マルベリー　296-7
水やり　17, 18, 25
道　14
ムカゴニンジン　242-3
メドウスイート　122-3
メリッサ　15, 174-5
モウズイカ　276-7
木質ハーブ
　アーモンド　302-3
　オーク　304-5
　セイヨウヒイラギ　292-3
　チェストツリー　312-13
　バルサムポプラ　300-1
　マルベリー　296-7
　ユーカリ　286-7
　ヨーロッパイチイ　310-11

モスカールドパセリ　204, 205

や
ヤエムグラ　130-1
薬用ハーブ　7, 8, 26
ヤネバンダイソウ　238-9
ヤマホウレンソウ　76-7
やや成熟した切り枝　23
ヤロー　34-5
やわらかい枝の挿し木　23
ユーカリ　286-7
ヨーロッパイチイ　310-11
ヨーロッパナラ　304-5
よきヘンリー王　98-9
ヨモギ　72-5

ら
ラビジ　158-9
ラベンダー　156-7
　ヒーチャムブルー　157
　ヒドコート　19
リコリス　134-5
料理用のハーブ　7, 8
　基本　15
　増やし方　19
ルッコラ　114-15
ルピナス　166-7

ルリヂサ　80-1
冷床　20, 23
冷凍ハーブ　26, 27
レディーズマントル　44-5
レモンタイム　263
レモンバーベナ　54-5
ローズマリー　6, 15, 21, 218-19
　挿し穂　22
ローマンワームウッド　74
ロシアンタラゴン　73
ロビンソン、ウィリアム　282

わ
ワイルドストロベリー　126-7
ワスレナグサ　11, 182-3

Acknowledgments

Picture Credits

Alamy Adelheid Nothegger/imageBROKER 74; Adrian Thomas/Science Photo Library 84; Angela Jordan 95; Anne Gilbert 202; Bildagentur-online 39, 43, 149, 169, 197, 257; bildagentur-online.com/th-foto 41, 129; blickwinkel/Hecker 170; blickwinkel/Koenig 221; blickwinkel/Schmidbauer 206; Creativ Studio Heinemann/imageBROKER 289; D.Harms/WILDLIFE/Juniors Bildarchiv GmbH 37; Dieter Heinemann/Westend61 GmbH 139; Emilio Ereza 256; Florapix 226; Foodcollection.com 71; F. Strauss/Bon Appetit 87; Geoffrey Kidd 101, 119, 151, 279; geogphotos 244; Graham Uney 299; H. Reinhard/Arco Images GmbH 300; Hans-Joachim Schneider 177; Helen Guest 294; Holmes Garden Photos 138, 312; John Glover 114, 141, 152, 280, 288; Kathy Hancock 128; L. Ellert/Bon Appetit 79; MBP-Plants 6; MediaforMedical/Jean-Paul Chassenet 203; MNS Photo 231; Nature Photographers Ltd. 184; Nigel Cattlin 28, 29 below; O. Diez/Arco Images GmbH 103; Organica 281; Ottmar Diez/Bon Appetit 155; Paroli Galperti/CuboImages srl 217; Paroli Galperti/CuboImages srl 286; PI-photo/isifa Image Service s.r.o. 232; Richard Clarkson 245; RM Floral 168; Science Photo Library 173; Steffen Hauser/botanikfoto 64, 220, 242, 246; tbkmedia.de 298; TH-Foto/doc-stock 109, 225; WILDLIFE GmbH 121, 171, 258; yogesh more 266. **GAP Photos** by Carole Drake 16; Elke Borkowski 10, 15; FhF Greenmedia 1; Frederic Didillon 252; Friedrich Strauss 24, 161; Gary Smith 25; Jonathan Buckley 253; Lee Avison 11; Robert Mabic 14. **Garden World Images** Dave Bevan 29 above. **Getty Images** Achim Sass 131; Bill Beatty/Visuals Unlimited, Inc. 248; CMB 78; Craig Knowles 185, 187; Dave King 189, 227; David Q. Cavagnaro 73; Deni Brown 94; Dorling Kindersley 174; hazel proudlove 81; Howard Rice 96; John Carey 69; Jonathan Buckley 13; Joshua McCullough 180; Keith Burdett 99; Linda Lewis 278; Mark Bolton 118; Martin Harvey 233; Matthew Ward 153; Maxine Adcock 26; Melina Hammer 211; Neil Fletcher 133; Peter Anderson 19; SilviaJansen 23; Simon Colmer 134; Susie Mccaffrey 21; Valery Rizzo 269; Visuals Unlimited, Inc./Gary Cook 236; Visuals Unlimited, Inc./Scientifica 144; Westend61 107; Yoshio Shinkai 90. **Octopus Publishing Group** David Sarton/Design: del Buono Gazerwitz 7. **Science Photo Library** Geoff Kidd 237. **Shutterstock** ankiro 272; Anna Bogush 164; Basileus 207; Bildagentur Zoonar GmbH 52, 120; Bildagentur Zoonar GmbH 215; Brzostowska 228; canoniroff 196; Colette3 212; D. Kucharski K. Kucharska 44, 111, 124; dabjola 250; Dale Stephens 200; Diana Mower 291; Diana Taliun 218; Dream79 91; Drozdowski 263; eelnosiva 213; Elena Ray 313; Foodpictures 137; Galene 175; giedrius_b 198; Gts 199; hairy mallow 292; Heike Rau 47; Heike Rau 98; hjschneider 113; Hong Vo 106; ID1974 265; I'm Photographer 27; Imageman 76; images72 35; IngridHS 201; Irina Borsuchenko 150; Jessmine 305; joannawnuk 49; Joshua Resnick 181; jreika 264; kanusommer 224, 304; kostrez 123; ksena2you 195; LensTravel 166; LianeM 88, 290; Lilyana Vynogradova 307; Liv friis-larsen 115; macro lens 209; mama_mia 309; marilyn barbone 45, 145, 301; Martien van Gaalen 274; Martin Fowler 42, 216, 311; Mary Terriberry 214; Monika Wisniewska 275; Monkey Business Images 179; Mykyta Voloshyn Voloh 70; Olga Miltsova 157; Paul Cowan 17; Peter Radacsi 40, 56; PHOTO FUN 254; Radka1 72; Robert Biedermann 208; Sarin Kunthong 2, 148; Scisetti Alfio 235; Stocksnapper 204; Sue Robinson 310; SviP 238; Taiftin 297; Taigi 262; Tamara Kulikova 230; Taratorki 273; Tobyphotos 154; Tom Curtis 108; tomtsya 116; troyka 182; ueuaphoto 293; Vahan Abrahamyan 110; Vahan Abrahamyan 172, 176, 247, 306; vaivirga 38, wasanajai 67; Zaneta Baranowska 205; Zdenek Fiamoli 167; zprecech 5. **SuperStock** Biosphoto/Biosphoto 243; Sudres/Photocuisine 63. **Thinkstock** AlbyDeTweede 89; alfio scisetti 142; alisbalb 27; aodaodaod 193; arnphoto 268; Artush 54; Barbara Dudzińska 159; BasieB 132; Boarding1Now 55; Brejeq 190; c12 296; Cameron Whitman 188; Carolyn Whamond 50; CGissemann 65; dabjola 36; David Hughes 156; Davidenko Pavel 261; dina2001 282; Du?an Zidar 255; egal 303; Elenathewise 283; feri1 222; fotokon 4, 60; Givaga 83; Grigorii_Pisotckii 68; HandmadePictures 143; Heike Brauer 251; Heike Rau 57; Honorata Kawecka 285; hydrangea100 130; IngridHS 66, 276, 277; inxti 75; Irina Burakova 260; janaph 302; janniwet 48; Jolanta Dabrowska 122; Juanmonino 125; juefraphoto 158; klenova 295; konok1a 267; lnzyx 240; lucagavagna 234; macroart 100; Maksim Shebeko 93; Mari Jensen 178; Mariha-kitchen 91; Mariia Savoskula 162; MIMOHE 59; Nakano Masahiro/amanaimagesRF 184; Nancy Nehring 102; nancykennedy 8; Nicholas Rjabow 82; np-e07 126, 127, 165; Olga Zemlyakova 86; OlgaMiltsova 191, 271; Onur Zongur 210; Pat_Hastings 51; photohomepage 53; photostockam 77; raweenuttapong 104; Robert Biedermann 46; saiko3p 308; SamsonMagnus 34; Santjeo9 249, 287; sasimoto 92; schmaelterphoto 183; seregam 241; Severas 112; Severga 147; silviacrisman 186; statu-nascendi 62; Stefano Gargiulo 135; stranger28 146; Tamara Kulikova 194; ulkan 219; vau902 284; Vik Borysenko 61; Vitali Dyatchenko 192; VitaSerendipity 80; Vladimir Arndt 140; voltan1 223; YelenaYemchuk 105, 163; Zoonar RF 160; Zoryanchik 229; zyxeos30 239.

Cover photography: *front* Elena Shweitzer/istock/Thinkstock; *back* FhF Greenmedia/GAP Photos.

著者：
ステファン・ブチャツキ (Stefan Buczacki)
ステファン・ブチャツキ教授の名は、この20年を優に超える長年にわたり、園芸に関する最も信頼できるアドバイスの代名詞であり続けてきた。学術的な業績、専門家としての地位、ラジオやテレビの番組への2000回近くの出演では、彼自身の庭を特集した番組も多い。ガイアブックス(旧産調出版)翻訳刊行『ガーデニングのキーポイント』のほか、50冊を超える著書を持つ、園芸を熟知しているスペシャリスト。

翻訳者：
岩田 佳代子 (いわた かよこ)
清泉女子大学文学部英文学科卒業。訳書に、『ジェムストーンの魅力』『実用540アロマセラピーブレンド事典』『心がおだやかになる自然風景100の塗り絵』『茶楽』(いずれもガイアブックス)など多数。

The Herb Bible
ハーブバイブル

発　　　行　2018年7月10日
発　行　者　吉田　初音
発　行　所　**株式会社ガイアブックス**
　　　　　　〒107-0052 東京都港区赤坂1-1-16 細川ビル
　　　　　　TEL.03 (3585) 2214　FAX.03 (3585) 1090
　　　　　　http://www.gaiajapan.co.jp

Copyright for the Japanese edition
GAIABOOKS INC. JAPAN2018
IISBN978-4-86654-005-4 C0077

落丁本・乱丁本はお取り替えいたします。
本書を許可なく複製することは、
かたくお断わりします。

Printed in China

Publisher: Alison Starling
Editor: Pollyanna Poulter
Designers: Yasia Williams and Sally Bond
Picture Library Manager: Jennifer Veall
Indexer: Isobel McLean
Production Controller: Allison Gonsalves